2022年北江暴雨洪水

广东省水利厅
广东省水文局 著

·北京·

图书在版编目（CIP）数据

2022年北江暴雨洪水 / 广东省水利厅，广东省水文局著. -- 北京 : 中国水利水电出版社，2023.11
ISBN 978-7-5226-2013-8

Ⅰ. ①2… Ⅱ. ①广… ②广… Ⅲ. ①暴雨洪水—水文分析—广东—2022 Ⅳ. ①P333.2②P426.616

中国国家版本馆CIP数据核字(2024)第005612号

审图号：粤 S（2024）068 号

书　　名	**2022 年北江暴雨洪水** 2022 NIAN BEI JIANG BAOYU HONGSHUI
作　　者	广东省水利厅　广东省水文局　著
出版发行	中国水利水电出版社 （北京市海淀区玉渊潭南路 1 号 D 座　100038） 网址：www.waterpub.com.cn E-mail：sales@mwr.gov.cn 电话：（010）68545888（营销中心）
经　　售	北京科水图书销售有限公司 电话：（010）68545874、63202643 全国各地新华书店和相关出版物销售网点
排　　版	中国水利水电出版社微机排版中心
印　　刷	北京科信印刷有限公司
规　　格	184mm×260mm　16 开本　9.5 印张　176 千字
版　　次	2023 年 11 月第 1 版　2023 年 11 月第 1 次印刷
定　　价	**98.00** 元

《2022年北江暴雨洪水》编委会

参加工作人员

广东省水文局：

马经广　王京晶　王晨乃　卢伶俊　庄广树　吴　甜
陈其幸　陈　健　陈艺漩　杨兴群　杨　帆　邱凯华
周东生　周　喆　胡建华　皋　云　聂红海　曾维汉
谢雨航　赖荣标　廖梓瑾　蔡斯龙　黎裕文

韶关水文分局：

王步杰　杨武志　张端虎　丘蔚天　李　俊　黄文清
王贵妹　喻荣楚　徐玉冬　刘　敏　陈　珏　张勇健
朱维科　林伟平　陈　星

清远水文分局：

王　宁　童宏福　何　勇　曾志平　任宇哲　刘旋旋
刘　强　龙悦敏　章京亚　黄孝兴　邹源盛　何际斌
汤静静

广州水文分局：

练　迪　赵子惜　许玉联　姚志坚　陈　龙　邹正欣
胡洪波　周汉生　陈　刚　李兰茹

佛山水文分局：

刘望天　童　娟　王　超　胡玉婵　韩　晶　陆永球
邵　檀　薛建强　黄勇强　陈慧莎　陈文想　黄　婷

肇庆水文分局：

任成均　郑庆涛　高敏华　孙　媛　魏林合　董　向

序

习近平总书记深刻指出做好防汛抗洪抢险救灾工作的极端重要性，他说："中华民族正是在同自然灾害做斗争中发展起来的伟大民族。现在，水患仍是我们面对的最严重的自然灾害之一。""要立足防大汛、抗大洪、抢大险，做好抗击特大洪水准备，防止麻痹思想和侥幸心理，力争最大程度减少损失。"回首2022年"龙舟水"防御工作，想必广东全省水利人都会对当时的情景历历在目，这是一场与大自然搏斗、与时间赛跑的艰难战役，是一次守护广大人民群众生命财产安全的重要壮举，也是凝聚全省水利人心血汗水而取得的一场伟大胜利。

2022年，广东省接连遭受极端天气影响，暴雨洪水频发重发，西江、北江、韩江先后发生7次编号洪水。特别北江流域出现了3轮影响范围广、持续时间长、降雨总量大的强降雨，北江上游浈江出现100年一遇洪水，北江支流连江出现超100年一遇洪水，北江干流飞来峡水库出现超100年一遇的最大入库流量。北江流域共有45条河流68个站点超警戒，英德、阳山、青莲、新韶和飞来峡等5个水文站出现超历史实测最高水位或最大流量，其中，英德水文站超警戒水位9.97m，超历史最高1.46m，超警戒时间长达7d……这是自1915年以来的最大洪水，洪水量级历史罕见。面对严峻复杂的防汛形势，在以习近平同志为核心的党中央的坚强领导下，水利部部长李国英亲临广东省现场指挥调度，时任广东省委书记李希、省长王伟中深入多地一线，密集部署防御工作，形成"五级书记打头阵，一级一级抓落实"的工作局面。在各级领导的高度重视和有力组织下，广东省水利厅坚决贯彻落实习近平总书记对防汛救灾工作的重要指示批示精神，坚持人民至上、生命至上，强化高精度、长预见期的水文预测预报预警和水利工程调度及抢险技术支撑，为实现"人员不伤亡、水库不垮坝、重要堤防不决口、重要基础设施不受冲击"的目标提供了科学关键的决策依据，确保了广州、佛山、清远、乐昌等城区免受淹浸，减少了韶关、英德受淹范围21%和40%，最大程度降低了洪涝灾害影响，确保了人民群众生命财产安全。

2022年北江洪水存在形成暴雨的天气系统复杂、多次高强度降水叠加、洪水持续时间长且接续连发、洪水规模不断推高等特点，是具有极端特殊性的历史稀遇洪水，精准预报难度大。在这种情况下，水文干部职工充分发挥"尖兵""耳目"和参谋作用，上下一心、众志成城，日夜兼程抢测洪峰，滚动发布水情预报预警，成功做到提前38h、33h预报出北江、连江将发生超100年一遇特大洪水，准确预报北江干流、浈江、连江等超历史实测洪峰水位（流量），为转移群众争取了宝贵时间，为防洪调度提供了坚实依据，交出了一份值得肯定和称赞的骄人成绩。关于这场洪水的珍贵水文数据和预报经验，更是值得记录下来反复学习研究的宝贵财富。

知往鉴今，以启未来。我们必须在一次次与暴雨洪水的斗争中不断总结经验，深入剖析暴雨洪水的特点特性和机理成因，才能为今后继续抗击特大洪水做好更充足的准备。为此，2022年7月，洪水刚刚过去，广东省水文局就迅速组织开展了北江暴雨洪水调查分析工作，上百名水文职工深入北江流域各条主要河流及飞来峡水利枢纽、潖江蓄滞洪区、波罗坑临时淹没区等流域防洪控制性工程，沿途进行细致的实地调查和现场测量，获取了大量"22·6"北江洪水水文情势的详细资料，经过精确严谨的分析计算和全面深入的系统梳理，获得"22·6"北江暴雨洪水特点、洪水演进及组合、洪水还原、水利工程防洪效益等研究成果，编制形成本书。在本书编制过程中，部分水文资料和分析计算成果已陆续在珠江流域防洪规划修编、连江防洪体系规划编制、潖江蓄滞洪区工程建设等工作中得到有效应用，正在为水利规划建设和防洪减灾工作发挥积极效益。

本书是广东省广大水文工作者血汗和智慧的结晶，其资料依据翔实，调查采用的技术方法正确，测验手段先进，分析计算科学合理，数据准确可靠，定性定量可信度高，具有较强的科学性、实用性和权威性，对今后北江流域乃至广东的洪水预警预报、防洪调度、水利规划设计、水利工程建设都具有非常重要的科学及应用价值。本书既是对"22·6"北江洪水的成因、发展、规模、量级作出的科学评价，也是"22·6"北江洪水防御经验和教训总结的关键组成部分，更是今后完善北江流域及其下游大湾区防洪减灾体系的重要参考依据。

最后，希冀本书记录下的"22·6"北江暴雨洪水调查分析的系列成果，为后人们留下宝贵经验财富，未来继续在广东乃至全国水利高质量发展进程中发挥重要作用。更要寄语广东广大水利水文工作者，牢记嘱托、感恩奋进，守正创新、担当善为，凝心聚力推动水利高质量发展，为广东在推进中国式现代化建设中走在前列提供坚实支撑，为实现中华民族伟大复兴中国梦作出更为突出的新贡献！

编委会主任

2023年12月

前　　言

北江是珠江流域第二大水系，发源于江西省信丰县石碣大茅坑，经大余县进入广东，至韶关市沙洲尾与支流武江汇合后，始称北江；再自北向南流经清远市辖区，至佛山市三水区河口，在思贤滘与西江相通，注入珠江三角洲网河区。

北江流域曾多次遭受洪水灾害，1915年与1931年北江流域发生过特大洪水，1949年以后北江流域发生较大洪水灾害的年份主要有：1968年、1982年、1994年、1997年、2006年、2008年、2013年和2022年。2022年全省降雨量为2114.3mm，比常年偏多18.3%，共发生7次编号洪水，北江出现了3次编号洪水，其中6月北江2022年第2号洪水简称为“22·6”北江洪水。

“22·6”北江洪水的主要天气系统：500hPa华南上空有南支槽发展东移，东西向切变线位于长江中下游地区，广东省处于切变线以南暖区中，有强盛的西南低空急流维持水汽输送，造成了持续性的强降水过程。

2022年6月，北江流域出现了3轮范围大、持续时间长、总量大的强降水过程，6月1—21日累计雨量达到680mm，比常年偏多220%。第3轮降水自6月16—21日，历时6d，累计雨量为294mm，为“22·6”北江洪水的造峰雨。

“22·6”北江洪水期间，浈江新韶站，北江干流英德站、飞来峡站，连江阳山站及青莲站出现超历史实测最大值水位；浈江新韶站、北江干流飞来峡站、连江高道站出现超100年一遇的实测洪峰流量。

为了全面分析“22·6”北江洪水，2022年7月，广东省水文局组织韶关、清远、广州、佛山、肇庆等水文分局，启动了“22·6”北江洪水调查分析工作，制定了工作大纲，收集相关资料，开展洪水调查及测量、洪水还原分析与计算等工作，编制了《“22·6”北江流域特大洪水调查报告》《“22·6”北江流域特大暴雨洪水分析报告》《“22·6”北江流域特大洪水还原分析报告》，在此基础上综合编写了《2022年北江暴雨洪水》此书。

本书在大量的水文监测、野外调查、实地测量等基础上，通过资料收集、整编及综合分析，对“22·6”北江洪水的气候背景及天气系统、暴雨洪水特点、干支流洪水演进及组合、洪水还原计算、水利工程防洪作用、河道变迁等进行了全面的分析研究，为今后广东省的洪水预警预报、防洪调度、水利工程建设提供参考与支撑。

编者

2023年6月

目　录

第1章 概 述

1.1 自然地理

1.1.1 地理位置

北江是珠江流域第二大水系，在东经111°52′～114°41′、北纬23°09′～25°41′，上游为浈江，发源于江西省信丰县石碣大茅坑，经大余县进入广东，自东北往西南穿山越岭，流经南雄、始兴、曲江等市（县），至韶关市沙洲尾与支流武江汇合后，始称北江；再自北向南流经清远市辖区，至佛山市三水区河口，在思贤滘与西江相通，注入珠江三角洲网河区。从源头至韶关市沙洲尾为北江上游，沙洲尾至清远市飞来峡白庙为中游，飞来峡白庙至佛山市三水区思贤滘为下游。

北江干流源头至思贤滘全长475km（广东省境内464km），平均坡降为0.235‰，集水面积为46806km^2（广东省境内43004km^2），占珠江流域总面积的10.3%。北江流域（广东省境内）包括了韶关、清远市大部分地区，肇庆市部分地区，广州市的从化、花都区部分地区，佛山市三水区部分地区，以及河源市的连平县部分地区。

1.1.2 地形地貌

北江地形总的趋势是北高南低，流域呈扇形，周围大山环亘，正北是位于南雄市、乐昌市北部的大庾岭和诸广岭（主峰画眉高程为1673m），东翼是东北西南向的九连山、瑶岭、滑石山等，贯穿翁源、新丰、南雄、始兴等市（县）一带，西翼是湘桂粤三省（自治区）交界的萌渚岭，伸向东南，由连州市、阳山县、英德市通过外支，于清远市北部与东翼会合，西翼内支瑶山、大东山等高大丛峻（主峰石坑崆高程为1902m）。

全流域山地丘陵多，平原较少，只是出飞来峡后才逐渐平坦，最后与珠江三角洲接壤。北江干流自韶关市区以下到清远市盲仔峡，河谷宽，沿河沙洲、河滩、河流冲积平原或盆地相继出现；盲仔峡至飞来峡之间干流两岸是低山丘陵区；干流出飞来峡后，两岸地势平坦开阔，清远平原属西、北江三角洲北部台地围田区，北江迂回流动在平原上，曲流、沙洲河汊繁多，河两岸筑有堤防，两旁洼地较多。地面高程在500m以上的山区占20%，高程50～500m的丘陵占70%，50m高程以下的平原约占10%。

1.1.3 土壤植被

土壤主要为黄壤、红壤、赤红壤、红色石灰土等。黄壤主要分布在高程600～1300m以上的山区地带；红壤主要分布在高程300～600m之间的丘陵地带，乐昌、仁化、南雄等市（县）以及五指山、大庾岭、梅岭等地方是红壤土分布最广的地带；赤红壤主要分布在高程300m以下的低山丘陵，乐昌、乳源等市（县）的石灰岩地带是该土层分布最多的地方；红色石灰土广泛分布于石灰岩地区。此外，韶关市还有较少的紫色牛肝土分布，主要在浈江紫色页岩的南雄盆地，土壤较浅薄，土壤颗粒粗，细沙含量高，质地疏松，透水性良好，保水能力极差，水土流失严重；清远市有黑色石灰土分布，主要在阳山、连南、英德等市（县）石灰岩地区。土壤侵蚀比较严重的地域主要在南雄、始兴等市（县）境内。

北江流域森林面积广阔，境内一般植被良好，四季常青，山川秀丽。清远市北部山地有大片天然林，南部山地丘陵主要为人工林。韶关市内植被以散生马尾松、灌木、芒箕、杂草草地为主，在山谷水热条件较好的地方及在交通条件不便的地方植被较好，在山顶、山脊、交通方便及人烟稠密的地区植被较差。九峰、五指山、石人嶂一带有茂密森林，为常绿阔叶林及针阔叶混交林。石灰岩地区岩石常出露，多长藤本植物及茅草。南雄盆地紫色牛肝土地区植被较差。

1.1.4 河流水系

北江主流总比降较小，洪水涨快退慢，持续时间长。上游高山峡谷众多，集水面积超过1000km^2的支流有墨江、锦江、武江、南花溪、南水、滃江、烟岭河、连江、青莲水、滃江、滨江、绥江、凤岗河13条，其中一级支流9条，按叶脉状排列，从东西两侧汇入干流。武江、滃江、连江是北江易发生洪水的主要支流。

武江发源于湖南省临武县的三峰岭，流经临武、宜章、郴县、桂阳、汝城、乐昌、乳源、曲江等县（市），于韶关市沙洲尾汇入北江，流域面积为7119km^2（广东省境内3768.9km^2），河长260km（广东省境内168km），河道平均比降为0.94‰。主流在广东境内比较陡，河道平均比降为1.27‰，流速大、洪水传播快，流域地势高，植被较好，岩石坚硬，含沙量较少，是典型的山区河流。集水面积 100km^2 以上的支流有 14 条，其中在广东省境内汇入武江的有 11 条，分别为南花溪、宜章水、白沙水、梅花水、田头水、太平水、九峰河、西坑水、廊田水、杨溪河、新街水。

滃江发源于翁源县船肚东，自东北向西南流经连平、新丰、翁源、佛冈等县（市），至英德市东岸咀汇入北江，流域面积为 4808km^2（广东省境内 4800km^2），主流长 174km，河道平均比降为 1.11‰。沿河除两岸狭窄盆地外，均为崇山峻岭，地质多为石灰岩及花岗岩。由于地势高、河床陡，洪水传播快，主流比降大，洪水迅猛、暴涨暴落，沿河两岸农田受山洪暴发影响较大。集水面积 100km^2 以上的支流有 9 条，分别为九仙水、贵东水、龙仙水、周陂水、涂屋水、青塘水、横石水、大镇水、烟岭河。

连江是北江最大的支流，发源于连县三姊妹山，流经连山、连南、阳山等县（市），至英德市江头咀汇入北江，流域面积为 9949km^2（广东省境内 9924km^2），全长 281km，落差 981m，主流比降较缓，为 0.644‰。流域地势西北高，东南低，多属山区，石灰岩分布广泛，喀斯特地貌十分发育。连江两侧大小支流密布，呈羽状汇入连江，集水面积 100km^2 以上的支流有 14 条，分别为潭源洞水、长家水、黄桥水、保安河、东陂河、三江河、洞冠水、庙公坑、七拱河、青莲水、大潭河、黄洞河、竹田河、水边河。

北江流域干流及主要支流特征详见表 1.1-1。

表 1.1-1　　北江流域干流及主要支流特征表

河流（河段）	河流属性	起　点	讫　点	河长/km	集水面积/km^2	河道平均比降/‰	多年平均径流深/mm
北江（广东省境内）	干流	江西省信丰县油山镇南坪分场	广东省佛山市三水区西南街道河口社区	475（464）	46806（43004.4）	0.235	1109.8
墨江	一级支流	广东省始兴县隘子镇坪丰村	广东省始兴县太平镇江口村	91	1364	2.47	954.9
锦江（广东省境内）	一级支流	江西省崇义县聂都乡竹洞村	广东省仁化县大桥镇水江村	111（105）	1915（1590.5）	1.78	938.2
武江（广东省境内）	一级支流	湖南省临武县武源乡华阴村	广东省韶关市武江区西河镇向阳村	260（168）	7119（3768.9）	0.94	916.6

续表

河流（河段）	河流属性	起点	讫点	河长/km	集水面积/km²	河道平均比降/‰	多年平均径流深/mm
南水	一级支流	广东省乳源县洛阳镇天井山林场	广东省韶关市曲江区白土镇上乡村	99	1485	5.19	1283
滃江	一级支流	广东省翁源县坝仔镇礼岭村	广东省英德市大站镇江南村	174	4808 (4800.0)	1.11	1087
连江	一级支流	湖南省宜章县莽山瑶族乡对子冲工区三分区	广东省英德市连江口镇城樟社区	281 (270)	9949 (9924.0)	0.644	1185.9
潖江	一级支流	广东省佛岗县水头镇潭洞村	广东省清远市清城区飞来峡镇银地村	93	1386	1.27	1436.3
滨江	一级支流	广东省英德市黄花镇管塘村	广东省清新县山塘镇回正村	117	1950	1.60	1409.6
绥江（广东省境内）	一级支流	广东省连山县小三江镇中和村擒鸦岭	广东省四会市大沙镇马房村	229	7175 (7135.6)	0.521	1106.3
南花溪	二级支流	湖南省宜章县莽山瑶族乡泽子坪工区二十分区	广东省乐昌市坪石镇神步村	116 (8.7)	1210 (206.7)	3.43	971.1
烟岭河	二级支流	广东省佛冈县高岗镇高岗村	广东省英德市东华镇汶潭村	62	1023	1.14	1204.8
青莲水	二级支流	广东省阳山县坪架瑶族乡太平洞村	广东省阳山县青莲镇中心村	86	1239 (1235.9)	4.82	1153.8
凤岗河	二级支流	广东省连南县寨岗镇板洞社区分水坳	广东省怀集县坳仔镇七甲村	101	1220	3.46	1274.6

注：1. 表内河流为北江水系集水面积在1000km²以上的主要河流；括号内数字为广东境内值。
2. 资料来源于第一次全国水利普查成果。

1.2 水文气象

1.2.1 气候概况

北江流域属亚热带季风型气候，季风影响显著，流域内阳光充足，热量丰富，多年平均日照时数约为1700h，北部连山县日照时数最少，全年不足1500h。大气环流随季节变化，夏半年盛吹东南风和偏南风，冬半年常为北风和偏北风，多年平均风速为1～2m/s。一年四季中，春季阴雨，雨日较多；夏季高温湿热，水汽含量大，暴雨集中；秋季常有热雷雨和台风雨；冬季低温，雨量稀少，北部有短期冰期10 d左右。北部霜期2个月左右，连山县最长达75 d，其他区域为30 d左右。

1.2.2 降水与蒸发

北江流域多年平均年降水量为1807mm，最大年降水量为2413mm，出现在1973年，最小年降水量为1266mm，出现在1991年（广东省第三次水资源调查评价报告，资料统计时间为1956—2016年）。

根据中国降水量地带分布的划分标准，年降水量1600mm以上地区为十分湿润带，800～1600mm的地区为湿润带，依此划分，广东省大致形成三个高值区（十分湿润带）和六个低值区（湿润带），北江流域包含一个高值区的部分地区及一个低值区。清远市以北的笔架山、南水上游、连江及绥江上游，为东江、北江中下游高值区的一部分，平均年降水量为2000～2700mm；而南雄、始兴、乐昌、连县等县（市）一带，为粤北南雄坪石低值区，由于该盆地南有石坑崆，北有五界山等屏障阻挡，水汽难以进入，平均年降水量仅为1400～1600mm，低值区中心乐昌市坪石站为1320mm。

北江流域蒸发分布趋势为东南多，西北少。流域年蒸发能力（近似以E601型水面蒸发量代替）为784～1146mm，年平均蒸发量为917mm，其中英德站年平均蒸发量为1146mm，为流域最高值，马屋站年平均蒸发量为784mm，为流域最低值。各蒸发站7月多年平均月蒸发量最大，1月多年平均月蒸发量最小。

1.2.3 暴雨与洪水特性

由于形成降水天气系统的不同，广东省降水主要分为锋面雨和台风雨（热带系统类降水的习惯简称）两大类，因此降水量年内分配有明显的前后汛期之分。前汛期（4—6月）主要是由西风带天气系统形成的锋面雨，如西南低槽、低涡、冷锋、静止锋等。后汛期（7—9月）主要为热带低压、热带风暴、台风等热带系统形成的台风雨。

北江洪水主要是由锋面雨造成的，洪水出现的时间早于西江和东江，多发生在4—6月、尤以5月、6月为最。由于流域河系呈对称的叶脉分布，为扇形集水特性，汇流时间短，洪水容易集中。北江洪水水位变幅大，上游峰形尖瘦，洪水过程线也呈连续性多峰形式，中下游峰形肥胖。北江洪水较为频繁，一般年份可有3～5次中高水位以上的洪峰出现。北江各主要支流洪水特性如下：

武江流域属山区性河流，陡涨陡落，洪水一般是尖瘦型，涨水历时1 d左右，退水历时2 d左右。洪水具有产流系数大、汇流时间快、容易产生泥石流的特点；坪石以上流域是以坪石为中心的半圆形叶脉状水系结构，在流域同时降水时容易产生大洪水。年最大洪峰出现在6月较多，其次为4月、5月。前汛期主要受西南季风和东南季风影响，形成的雨带而产生暴雨洪水，后汛期受台风影响，武江上游局部地区同样可能出现暴雨洪水，如“06·7”武江特大洪水。

连江洪水主要是由锋面雨造成的，多发生在4—6月、尤以5月、6月为最。洪水较为频繁，一般年份可有3～4次中高水位以上的洪峰出现，连江洪水涨陡、落缓，历时一般60～72h。

墨江上游河道弯曲，坡降大，中下游河床平缓，因河床上陡下缓，涨水水势凶猛，汇流快，故汛期常受洪水威胁。

滃江洪水常出现在4—6月，流域地势高，河床陡，洪水传播快，属暴涨暴落山区性河流，山洪威胁很大。

绥江处于北江中下游暴雨高区的边缘，洪水主要来源于锋面和热带气旋等天气系统所形成的暴雨，年最大洪水一般发生在5—6月，洪水的大小主要取决于怀集县以上的中洲河，其次为马宁水、古水河。绥江干流自上而下建有文昌、莫湖、牛歧、东乡、春水、白沙、马房7级电站，对绥江洪水峰量、洪峰传播时间影响较大。

1.2.4　径流与水资源

北江流域1956—2016年多年平均地表水资源量为482亿m^3，折合径流深为1114mm，最大年地表水资源量为820亿m^3（出现年份为1973年），最小年地表水资源量为214亿m^3（出现年份为1963年）。由于流域内的地表水资源量完全由降水补给，故地表水资源量变化趋势和高低值区分布与降水量是一致的，呈现西南多、东北少的格局。径流年内分配不均衡，汛期径流量占全年径流量的70%～80%（广东省第三次水资源调查评价报告，资料统计时间为1956—2016年）。

北江流域山丘区地下水类型以碎屑岩类裂隙水和碳酸盐岩类裂隙岩溶水为主，补给来源主要为大气降水入渗的垂向补给；流域平原区地下水类型以冲积层孔隙水为主，补给源主要为大气降水和地表水体；地下径流以水平方向流动为主，垂直方向潜水蒸发为辅。

1.3 洪涝灾害

北江流域曾多次遭受洪水灾害，1915年与1931年北江流域发生过特大洪水，1949年以后，北江流域发生较大洪水灾害的年份主要有1968年、1982年、1994年、1997年、2006年、2008年和2013年。

1915年北江特大洪水，横石站洪峰流量为21000m^3/s，为200年一遇（广东省飞来峡水利工程建设总指挥部，《飞来峡水利枢纽建设文集》），流域内的连县、连山、阳山、英德、乐昌等县都遭到袭击，韶关市（老城）和英德县城亦全部淹没，损失惨重；由于西、北江同时发洪，三角洲地区尽成泽国，受灾647万亩，受灾人口378万人，洪灾损失折算至1990年约达300亿元。

1931年6月北江横石站洪峰流量为19600m^3/s，为100年一遇（广东省飞来峡水利工程建设总指挥部，《飞来峡水利枢纽建设文集》），小于1915年洪水，受灾面积283万亩。

1968年6月下旬，西、北江上、中游连降暴雨，北江出现20年一遇流域性大洪水，西江发生10年一遇洪水。横石站洪峰流量为15000m^3/s，北江清远站水位为15.92m，在警戒水位（12.0m）以上持续时间达17d。

1982年5月，北江干流中游及连江、滨江等支流大暴雨，北江出现50年一遇流域性大洪水，清远站洪峰水位为15.94m，横石站最大流量为18000m^3/s。共有14个县（市）229万人受灾，受淹农作物为198万亩，倒塌房屋16万间，溃决堤围201条（清西围等万亩以上堤围8条）。京广铁路清远、英德段被冲毁42处，中断行车13d，直接经济损失为4.4亿元。

1994年6月中旬，珠江流域的西、北江同时发生50年一遇左右的特大洪水，高要站最大洪峰流量为48700m^3/s，北江横石站最大洪峰流量为

17500m^3/s。两江洪峰几乎同时到达思贤滘，正值接近天文大潮期，使珠江三角洲网河区水位迅猛上涨，部分站水位达50～100年一遇。该场洪水殃及7个市28个县366个乡镇，北江大堤及珠江三角洲五大堤围均出现险情，经抢护安然无恙，但标准低的堤围却多有漫顶溃决。全省受灾人口为425万人，倒塌房屋11万间，受灾农田399万亩，直接经济损失为102亿元。

1997年7月上中旬，受西南季风及静止锋的共同影响，北江流域连降暴雨至大暴雨，局部特大暴雨，降水时间长，前后持续了10d。受强降水影响，北江水位急剧上涨，中下游出现20年一遇左右的大洪水。由于降水时间长，洪水退水过程出现了不断的反复，并长时间维持在较高水位，洪水长时间对堤坡进行浸泡冲刷，威胁性很大。北江清远站水位7月4日起超警戒，至15日才退出警戒水位，水位长达11d维持在警戒水位以上。北江石角站洪峰水位为13.92m，洪峰流量为15500m^3/s。

2006年7月，受强热带风暴"碧利斯"的影响，北江流域普降暴雨到特大暴雨，高强度的降水造成北江支流武江出现超历史特大洪水，乐昌站洪水达800年一遇，北江下游控制站石角水文站出现近50年一遇特大洪水。7月16日，武江坪石站出现165.43m的洪峰水位，相应流量为4830m^3/s，是1952年建站以来的最大洪水。17日武江犁市站出现64.86m的洪峰水位，相应流量为8800m^3/s，是1955年建站以来的最大洪水。18日石角站出现12.40m的洪峰水位，相应流量为17400m^3/s。本次暴雨洪水导致779万人受灾，464万亩农作物受灾，倒塌房屋121230间，全省直接经济损失为151.77亿元。

2008年6月中旬，广东省遭受了较大的龙舟水，西、北江流域普降大暴雨，造成了西江、北江出现大洪水、局部特大洪水。石角站于15日出现11.94m的洪峰水位，相应流量为14600m^3/s（超10年一遇），高要站于16日出现11.39m的洪峰水位，相应流量为47200m^3/s（超20年一遇）。受西北江洪水的共同影响，珠江三角洲北江干流水道三水站、西江干流水道马口站出现略超50年一遇洪水。

2013年8月中旬，受台风"尤特"登陆后的环流和强烈西南季风的共同影响，强降水从粤西扩展至粤东和珠江三角洲地区，北江、东江、韩江和粤东沿海诸小河均发生超警洪水或超历史洪水，2个水文站水位超历史实测最高水位。北江干流发生超20年一遇洪水；支流连江出现超100年一遇洪水。连江下游控制站高道站于19日出现37.3m的洪峰水位，相应流量为9160m^3/s，超100年一遇，北江干流石角站于19日出现11.24m的洪峰水位，超警戒水位0.24m，相应流量为16700m^3/s，超20年一遇。

1.4 防洪（排涝）工程

北江流域已建成大中型水库78座，北江中下游也形成了由北江大堤、飞来峡水利枢纽、潖江天然滞洪区、芦苞涌和西南涌分洪水道所组成的堤、库、滞、分相结合的防洪工程体系，通过防洪工程体系的调洪削峰，可将北江下游石角水文站100年一遇洪水削减为50年一遇洪水，300年一遇洪水削减为100年一遇洪水。

1.4.1 堤防

北江流域现有2级以上堤防188km，一般堤防具备防御10年一遇洪水的能力，部分重要堤防及县级以上城市具备防御20年一遇洪水的能力，其中北江大堤石角段达到100年一遇洪水设计标准、英德堤防达到50年一遇洪水设计标准。截至2022年年底，韶关市5级以上堤防总长485.2km，其中2级堤防总长65.21km，3级堤防总长147.61km，4级堤防总长161.2km，5级堤防总长111.18km；清远市5级以上堤防总长759.45km，其中1级堤防总长19.18km，2级堤防总长45.18km，3级堤防总长69.09km，4级堤防总长292.73km，5级堤防总长213.28km；肇庆市5级以上堤防总长741.3km，其中2级堤防总长122.44km，3级堤防总长119.54km，4级堤防总长222.39km，5级堤防总长276.91km。（广东省堤防基础信息表2023年版）

1.4.2 水库

北江流域已建成的大型水库有13座。其中湖南省1座，为莽山水库，总库容为1.33亿m^3；广东省12座，总库容55.63亿m^3，其基本信息见表1.4-1。广东省中型水库65座，总库容20.41亿m^3。

表1.4-1　　广东省大型水库基本信息

水库名称	所在地址	集水面积/km^2	坝顶高程/m	总库容/亿m^3	正常蓄水位/m
乐昌峡	韶关乐昌市	4988	164.2	3.44	154.5
南水	韶关乳源县	608	225.9	12.81	215.5
锦江	韶关仁化县	1410	140.45	1.89	135

续表

水库名称	所在地址	集水面积/km²	坝顶高程/m	总库容/亿 m³	正常蓄水位/m
小坑	韶关曲江区	139	239.3	1.13	227.2
孟洲坝	韶关武江区	14720	61	2.04	52.5
濛浬	韶关曲江区	16750	52	1.81	45
飞来峡	清远市	34097	34.8	19.04	24
潭岭	清远连州市	142	647	1.77	643
长湖	清远英德市	4800	66	1.55	62
白石窑	清远英德市	17740	43.5	4.64	36.5
锦潭	清远英德市	227.3	232.3	2.49	230
清远水利枢纽	清远市	37783	19.5	3.02	10

1.4.3 行洪水道

行洪水道是流域洪水宣泄的水道，包括流域内的各干支流河道、分洪水道和蓄滞洪区内洪水行进的水道、河涌等。

北江流域行洪水道包括北江干支流河道、潖江蓄滞洪区、芦苞涌、西南涌。

1. 潖江蓄滞洪区

潖江蓄滞洪区已列入国务院批复的《全国蓄滞洪区建设与管理规划》，是珠江流域唯一列入国家名录的蓄滞洪区。它能延缓和分担北江中下游防洪工程体系的行洪压力，可提高广州、佛山等城市和北江下游三角洲部分重点堤围的防洪能力。

潖江蓄滞洪区建设与管理工程由 17 条堤围、44 座穿堤建筑物、20.6km 撤退道路和 26 个临时避洪点组成，工程位于飞来峡水利枢纽下游约 10km 的北江左岸，涉及清远市下辖的清城区飞来峡镇、源潭镇和佛冈县龙山镇。

潖江蓄滞洪区面积为 87.95km²（300 年一遇洪水江口圩水位 21.88m，相应总库容 4.5 亿 m³），其中安全区 5.35km²，淹没区 82.6km²。安全区由饭店围、江咀围、白沙塘围、官路唇围 4 条堤围组成；淹没区包含围内 52.86km²，围外河道 29.74km²。

工程达标加固堤围 46.406km（其中新建堤围 0.249km），达标加固后 17 条堤围的防洪标准全部达到 20 年一遇，堤围级别提升至 3 级或 4 级。建设穿堤建筑物 44 座。其中新建（重建）分洪排涝闸 18 座，新建（重建）电排站 17 座，加固电灌站 4 座，加固引水涵管 5 座。改造排涝渠道 2.295km；新建或改造撤退道路 20.6km；利用现有设施设置临时避洪点 26 个；建设一套镇到自然村、自然村到户的通信预警信息发布系统，确保蓄滞洪区内人员及时转移到临时避洪安置区。

2. 芦苞、西南两涌

芦苞涌西起北江下游芦苞涌口的芦苞水闸，流经三水区的乌石岗，向西在长歧村分为南北两支；北支前段为九曲河，后段为白坭水；南支为古云东海，流经三水区的虎爪围、花都区的炭步镇、大涡、文岗，于南海区的官窑附近注入西南涌，全长 34.64km。其中，芦苞涌三水段流经芦苞镇内的长度约 12.4km，流经芦苞镇区、刘寨村、上塘村和独树岗村等行政村，沿程有刘寨涌、牛牯团排涌、南丫涌、白鸽桥涌等支涌注入；芦苞涌三水段流经乐平镇内的长度约 20.08km，流经南联村、范湖村、新旗村、华布村等行政村，沿程有范湖引水涌、盲眼窝涌等支涌注入。

西南涌跨越佛山、广州两市，起点位于三水区的西南水闸，由北江西南分洪闸流入三水区西南街道，向东流经三水西南街道、云东海街道和乐平镇、南海区狮山镇，在南海区狮山镇的官窑附近与芦苞涌汇合，再向东流经南海区狮山镇、里水镇等，到广州市白云区鸦岗附近与流溪河汇合后注入珠江，全长 41km。西南水闸位于北江下游左岸三水西南涌口，与芦苞水闸共同控制北江洪水进入广州及其西北地区。两涌的主要作用是控制北江洪水分流，减轻北江大堤下游段防洪压力。

1.4.4 防洪体系

北江中下游的防洪体系主要包括北江大堤、乐昌峡水利枢纽、飞来峡水利枢纽、潖江蓄滞洪区、两分洪涌等组成。飞来峡水利枢纽 1999 年 9 月建成，乐昌峡水利枢纽 2013 年建成蓄水，北江大堤按防御 100 年一遇洪水标准加固工程在 2007 年已经完成，北江中下游防洪体系通过“堤库联合调度运用”，北江大堤（广州市）可防御北江 300 年一遇洪水。

2000 年以来，潖江滞洪区内的主要堤围大厂围、凤洲围、林塘围、独树围先后加固、培厚，加高堤顶高程至 22.0～22.7m。按规划设计，对于北江 50～300 年一遇洪水，能削减北江大堤石角站的洪峰流量 700～900m^3/s。

在防御“22·6”北江特大洪水的过程中，北江防洪体系发挥了防洪减灾的关键作用，为流域防洪做出了巨大的贡献。北江流域干支流水库群充分发挥拦洪削峰错峰作用。蓄滞洪区适时分蓄洪水，有效减轻下游防洪压力；堤防作为抵御洪水的主要屏障，抵御了长时间超过警戒水位甚至超过历史实测流量的洪水；北江洪水经芦苞涌、西南涌分洪道，进入广州珠江、狮子洋水道，直接排入南海，减轻北江大堤下游段防洪压力。北江中下游防洪工程体系示意图如图 1.4-1 所示。

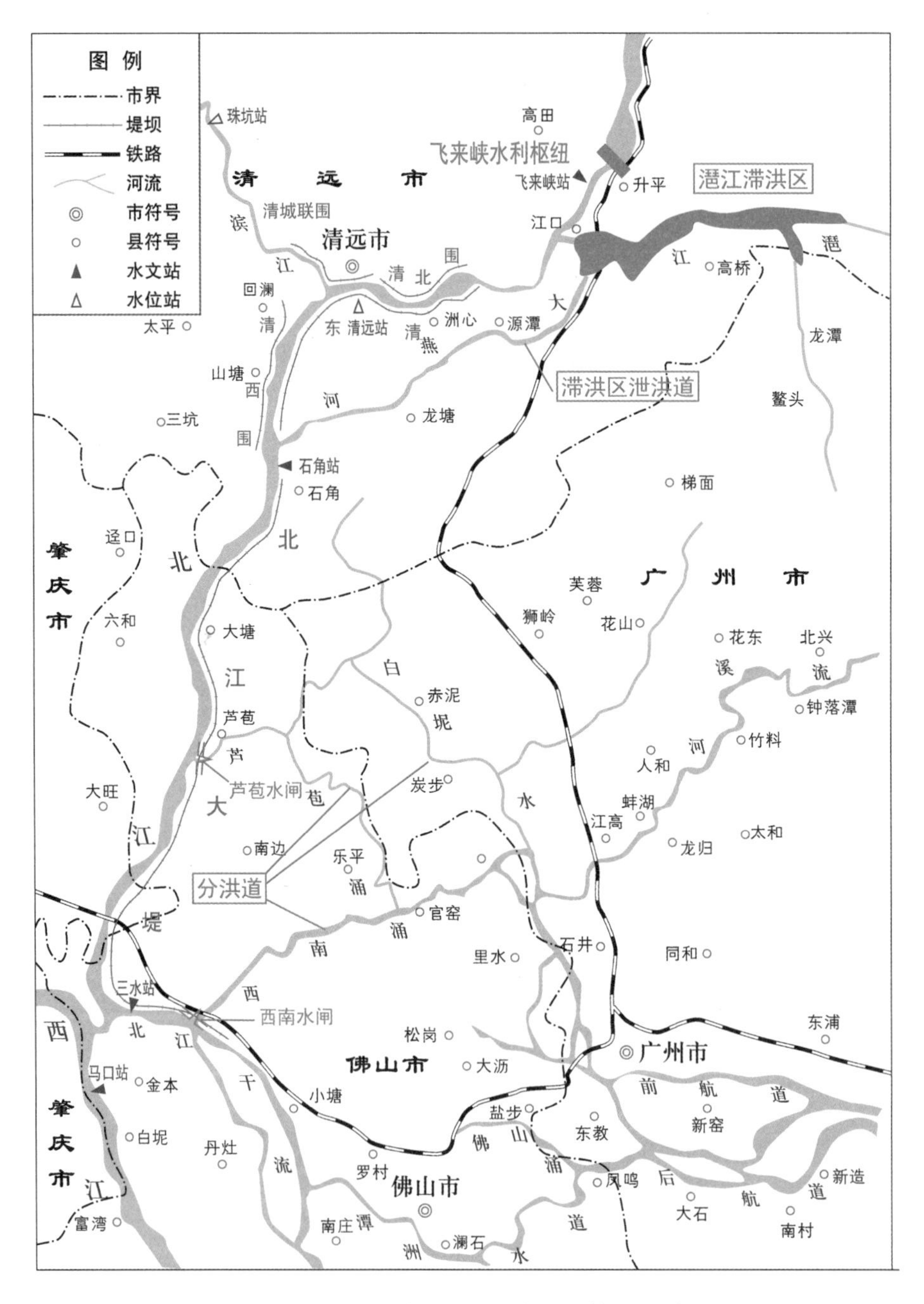

图 1.4-1 北江中下游防洪工程体系示意图

1.5 水文站网

从 1916 年设立的曲江水文站开始，北江流域已建成基本水文站 22 个、基本水位站 13 个，专用水文站 41 个、专用水位站 89 个，雨量站 535 个，泥沙站 6 个，蒸发站 8 个。具体情况见表 1.5－1。

表 1.5－1　　北江流域水文站网情况

测站类别		韶关	清远	肇庆	佛山	广州	合计
基本站	水文站	8	10	4			22
	水位站	2	7	3	1		13
专用水文站	中小河流	21	15	5			41
专用水位站	中小河流	11	5	4			20
	其他	34	26	9			69
雨量站	基本站	97	90	43	1	3	234
	专用站	172	101	28			301
泥沙站		3	3				6
蒸发站		4	4				8

第2章　水文监测及洪水调查

2.1　水文监测

“22·6”北江特大洪水期间，按照相关监测规范要求，先后组织开展流量测验458次、泥沙测验153次、水位校测642次，及时收集水文信息，为准确预报洪水、防灾减灾决策提供了科学支撑。

2.1.1　降水量、水位及流量监测

降水量观测以20cmJDZ05翻斗式雨量计自动采集为主，仪器分辨率为0.5mm。各站严格按《测站任务书》和《降水量观测规范》（SL 21—2015）等要求进行，统一以北京时间8：00为日分界。

水位观测以浮子式水位计为主，还包含压力式、气泡式以及雷达水位计等，各站记录数据稳定可靠、连续完整，未出现中断。基本站点每日8：00、20：00人工观测2次作校核水位，洪水期间增加人工观测校核的次数。

流量测验采用走航式ADCP、在线ADCP、电波流速仪、电子浮标、流速仪和比降面积法等。各站根据《测站任务书》和《超标准洪水测报预案》，以及水情变化和测站特性，合理布设流量测次，对各水文站整个洪水涨退水流量变化过程进行了完整、连续的监测。

2.1.2　重要控制站水文监测

1. 浈江新韶水文站

新韶水文站是北江上游浈江的水文控制站，设立于2010年1月，位于韶关市浈江区新韶镇黄金村大桥下游。断面上游8km有湾头水利枢纽，下游6km有武江汇入，下游19km处有孟洲坝电站，集水面积为7540km^2。

水位观测采用浮子水位计，本次洪水测到完整、可靠的洪水过程。同时也测到自建站以来第一大洪水，洪峰水位和洪峰流量均为建站实测记录第一位，洪水重现期为100年一遇，洪峰水位为59.56m，洪峰流量为6350m^3/s（6月21日）。

流量测验在各级水位或流量级布置测次，并按规范规定采用在线和走航式ADCP、流速仪和电波流速仪施测，实测到最大平均流速为3.05m/s，最大测

点流速为3.77m/s。在6月16—30日的高洪水位中，共施测流量18次，其中涨水段12次，退水段6次，流速仪同步比测2次，电波流速仪同步比测10次，抢测到59.55m的高洪水位流量，资料完整可靠，满足定线整编要求。资料整编采用临时曲线法和连时序法，资料成果合理、可靠，通过复审验收。该站流量测次布设和水位-流量关系如图2.1-1和图2.1-2所示。

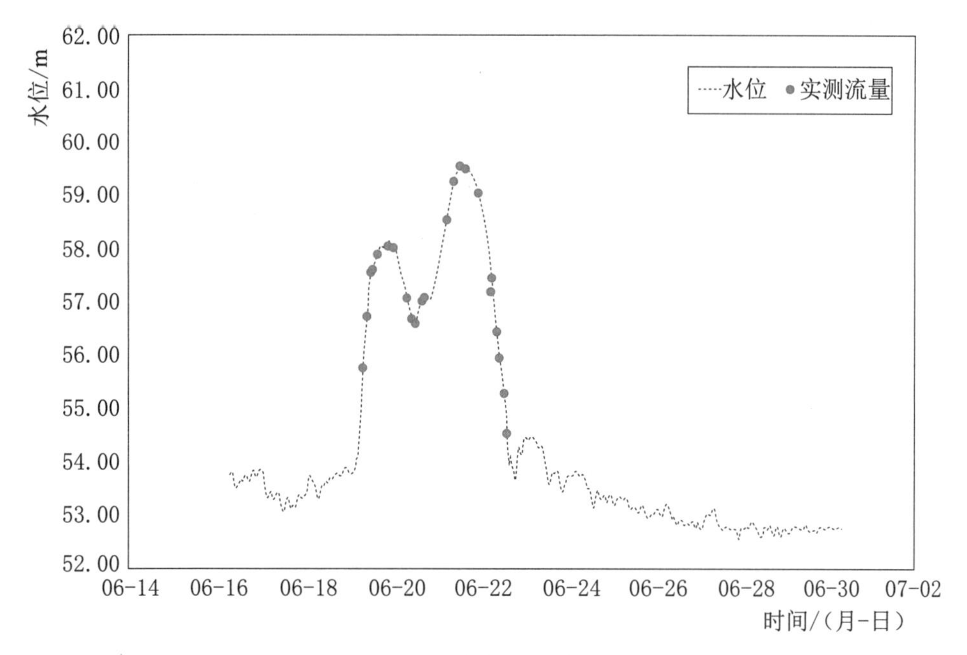

图2.1-1 “22·6”北江洪水新韶水文站流量测次分布图

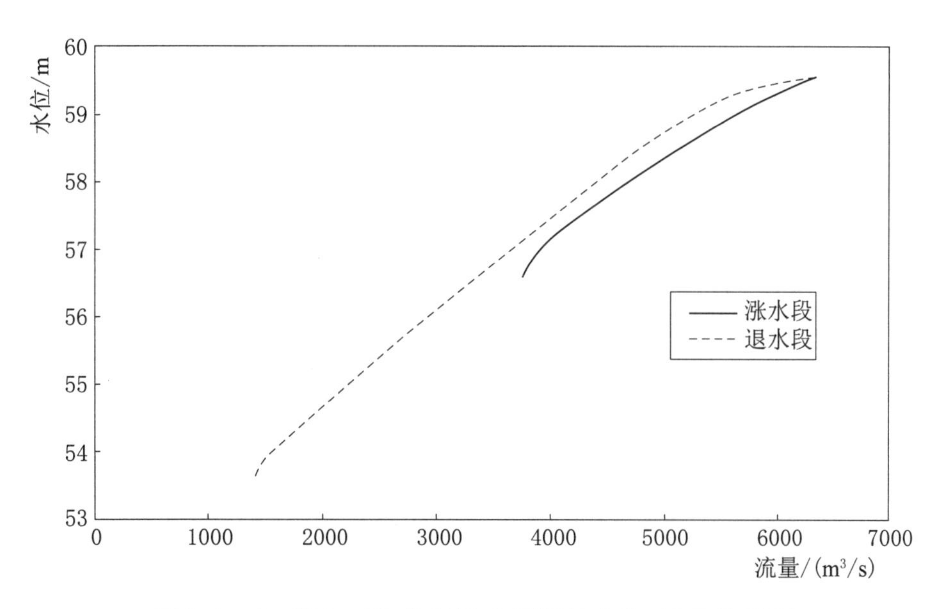

图2.1-2 “22·6”北江洪水新韶站水位-流量关系图

2. 武江犁市（二）水文站

犁市（二）水文站为北江支流武江出口控制站，设立于1955年4月，位于韶关市浈江区犁市镇。集水面积为6976km^2，距武江河口约16km，断面下游4km处为溢洲电站。

水位观测采用压力式水位计，本次洪水测到完整、可靠的洪水过程。整个洪水过程共测流11次，全部测次均采用缆道拖载走航式ADCP进行测验，涨水段测流7次，退水段测流4次，测验时机掌握较好，布点均匀，共监测2次洪水过程。6月18日0：00起涨流量为651m^3/s，第一次洪峰流量为19日11：40 3510m^3/s，相应水位60.11m；20日0：45流量退至914m^3/s，洪水开始复涨，第二次洪峰流量22日1：10为3350m^3/s，相应水位为60.21m。犁市（二）站“22·6”北江洪水过程采用在线H－ADCP测流设备来推求流量，资料成果合理、可靠，通过复审验收。

3. 北江干流韶关（二）水位站

韶关（二）水位站为北江干流重要控制站，设立于1943年，位于韶关市武江区新华街道。集水面积为14653km^2，距北江河口距离256km。该站上游800m处为浈江和武江汇合口，下游11.5km建有孟洲坝水电站，该站处于库区。水位观测采用浮子水位计，水位记录完整。

韶关（二）水位站洪水过程是一次多峰洪水过程，由于下游水利工程的调节，起涨时间迟于上游新韶站，18日13：25起涨，起涨水位52.72m，19日16：30达到第一个洪峰水位54.77m，超警戒（53.00m）1.77m；退至20日3：00洪水复涨，至20日6：55出现第二个洪峰水位54.07m，超警戒1.07m；20日13：00又复涨，至21日15：25出现第三个洪峰水位56.14m，超警戒3.14m；涨水历时74h，水位涨幅3.42m。

4. 北江干流沙口水位站

沙口水位站为北江干流水位站，设立于1990年1月，位于北江干流英德市沙口镇。6月19日5：25起涨，起涨水位为36.96m，22日0：00实测到设站以来最高洪峰水位41.47m，涨水历时66h 35min，水位涨幅4.51m，最大涨率0.56m/h；退水历时约36h，最大落率0.72m/h；洪水总历时约102h。

5. 北江干流英德（五）水位站

英德（五）水位站为北江干流重要水位站，设立于1918年1月，位于清远英德市英城镇桥西路。集水面积为23181km^2（初设时），距北江河口154km，所处河段比较顺直。

英德（五）水位站于6月17日22：45起涨，起涨水位24.72m，22日12：35实测到设站以来最高洪峰水位35.97m，涨水历时109h50min，水位涨幅11.25m，最大涨率0.5m/h，退水历时约90h，最大落率0.33m/h，洪水总历时约199h。

6. 北江干流飞来峡水文站

飞来峡水文站为北江中游控制站，设立于1999年1月，位于飞来峡水利枢纽下游2.5km。集水面积为34217km^2，是横石水文站（1953年设立，集水面积为34013km^2）因飞来峡水利枢纽工程建设下迁9km而设。

飞来峡水文站于6月18日6：00起涨，起涨水位16.10m，22日6：00达到洪峰水位22.88m，涨水历时96h，水位涨幅6.78m，最大涨率0.28m/h，退水历时约108h，最大落率0.17m/h，测到设站以来最大洪峰流量20600m^3/s，洪水总历时约204h。

飞来峡水文站"22·6"北江洪水期间全部采用走航式ADCP外接GPS罗经施测流量，涨水过程测流8次，退水过程测流15次，共测流23次，涨退水过程测点分布合理，能够满足定线推流的要求。采用水位-流量关系曲线定线推流，受上游枢纽调节影响，洪峰水位流量相关性呈阶梯状，线型为反绳套曲线，资料成果合理、可靠，通过复审验收。该站流量测次布设和水位-流量关系如图2.1-3和图2.1-4所示。

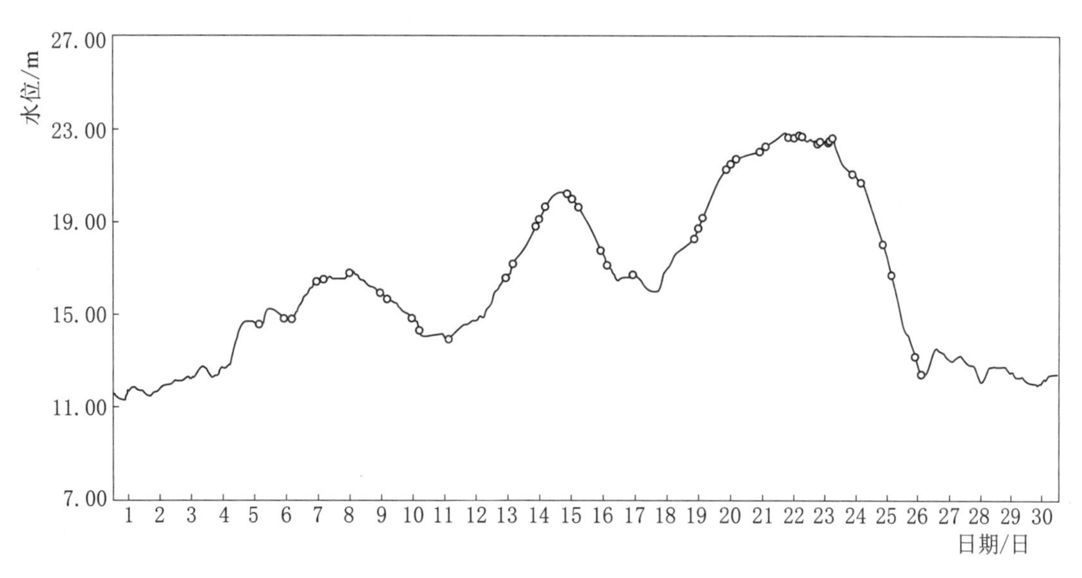

图2.1-3 "22·6"北江洪水飞来峡水文站流量测次分布图

7. 北江干流清远（三）水位站

清远（三）水位站为北江干流重要水位站，设立于1915年8月，位于清

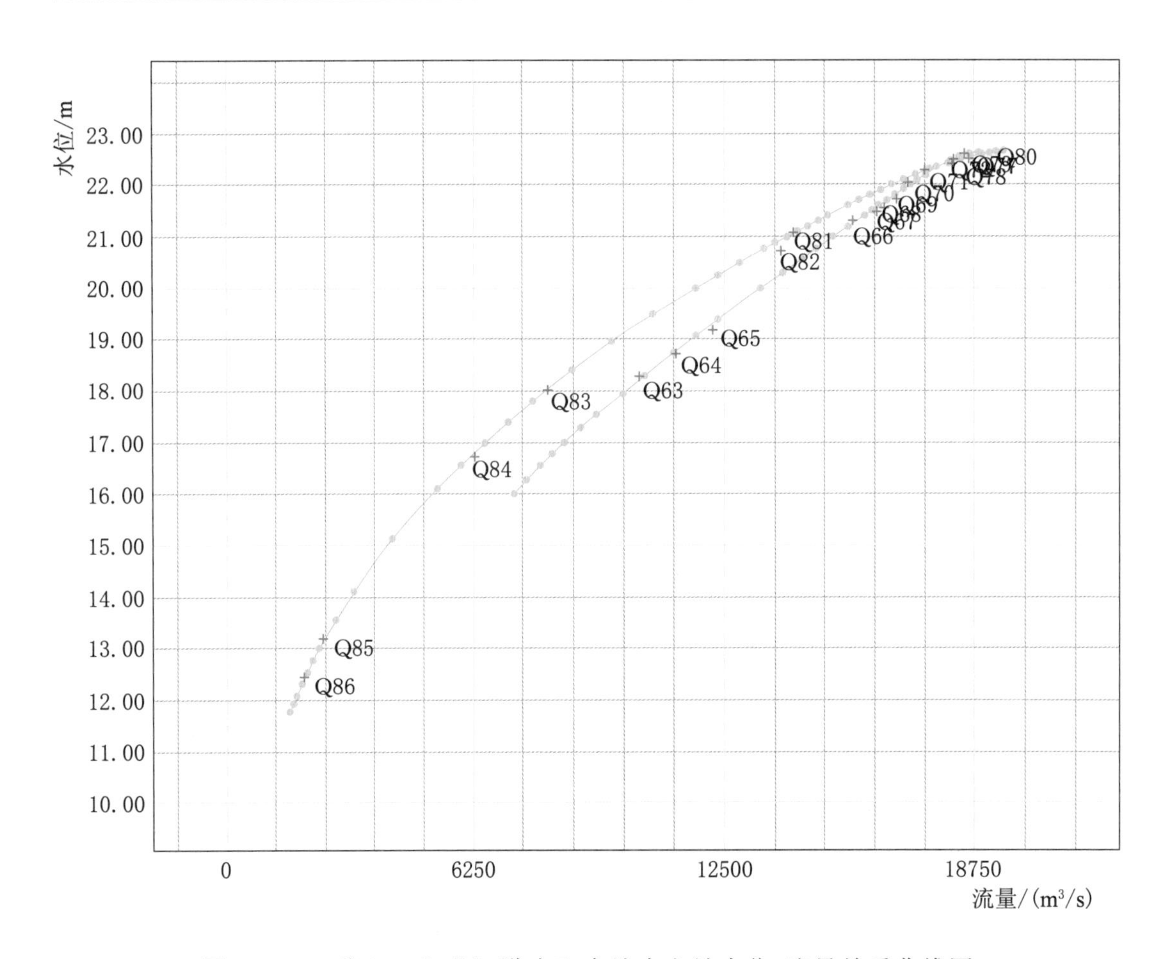

图 2.1-4　“22·6”北江洪水飞来峡水文站水位-流量关系曲线图

远市清城区凤城街。6月18日6：00起涨，起涨水位10.53m，22日8：00达到洪峰水位14.65m，涨水历时98h，水位涨幅4.12m，最大涨率0.10m/h；退水历时约92h，最大落率0.20m/h；洪水总历时约190h。

8. 北江干流石角水文站

石角水文站为北江下游重要水文控制站，设立于1924年8月，位于清远市清城区石角镇，集水面积为38363km^2。

石角水文站水位观测采用气泡式水位计，每天人工校核，整个洪水过程水位记录连续完整，6月18日9：00起涨水位8.20m，22日10：40洪峰水位12.24m，涨水历时98h，水位涨幅4.04m，最大涨率0.11m/h，退水历时约196h，最大落率0.31m/h，实测设站以来最大洪峰流量为19500m^3/s，洪水总历时约294h。

石角水文站“22·6”北江洪水期间全部采用走航式ADCP外接GPS罗经

施测流量，并进行了2次高洪流速仪与ADCP比测，流速仪实测流量与ADCP实测流量误差均不超5%，涨水过程测流22次；退水过程测流22次，共施测44次，涨退水过程测点分布合理，能够满足定线推流的要求，具体如图2.1-5所示。

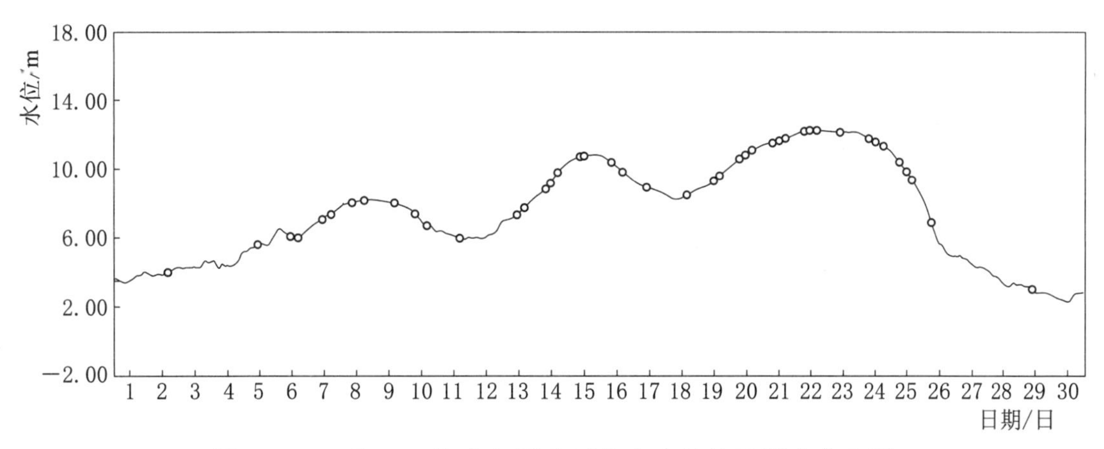

图2.1-5 “22·6”北江洪水石角水文站流量测次分布图

由于受上游工程调节影响，为尽可能还原洪水真实过程，6月22日12：00至6月23日23：00采用连实测流量过程线法推流，其余时段采用连时序法定线推流，资料成果合理、可靠，通过复审验收，洪水水位-流量关系曲线如图2.1-6所示，洪水水位流量过程线如图2.1-7所示。

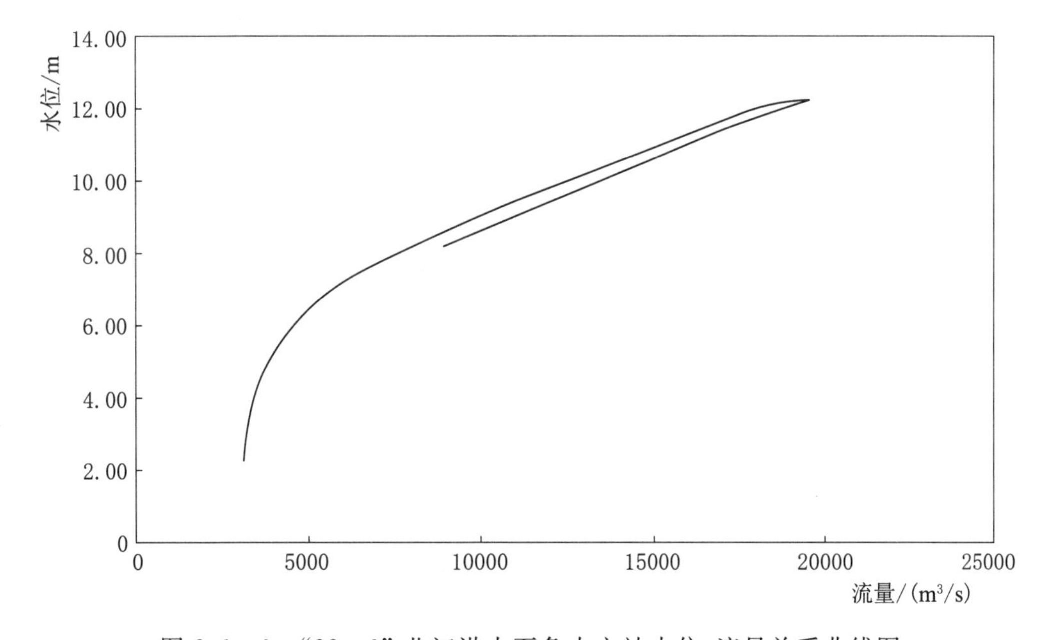

图2.1-6 “22·6”北江洪水石角水文站水位-流量关系曲线图

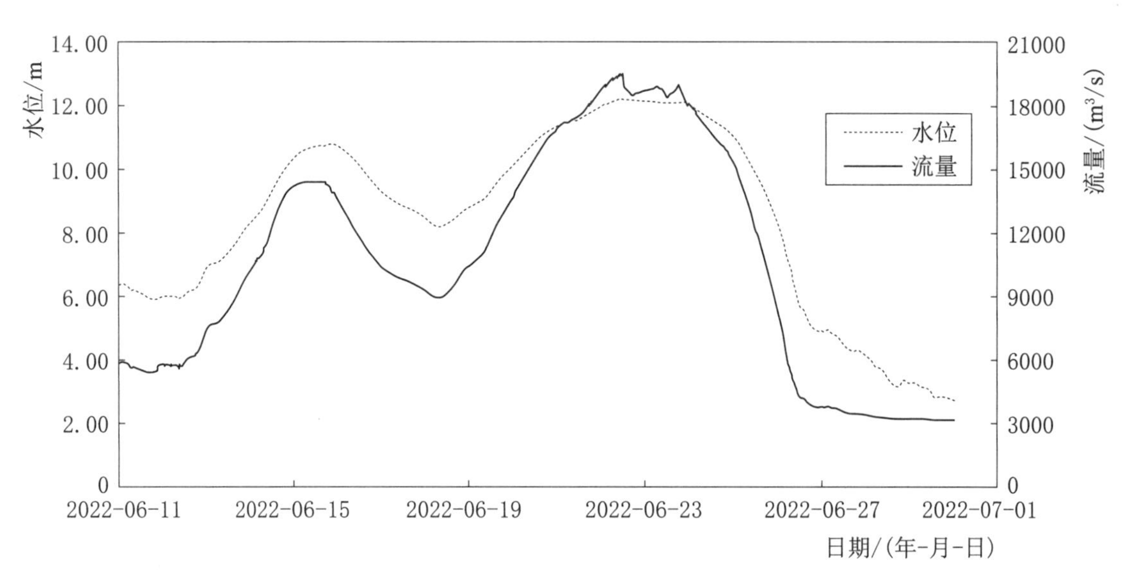

图2.1-7 “22·6”北江洪水石角水文站水位-流量过程图

9. 滃江滃江水文站

滃江水文站为滃江干流中游的控制站，设立于1955年2月，位于韶关市翁源县官渡镇，属国家基本水文站，站址集水面积为2000km^2，距离河口82km。

滃江水文站为多峰洪水过程，17日12：00起涨，起涨水位96.70m；18日22：00达到第一个洪峰水位101.49m，涨水历时34h，涨幅4.79m，洪峰流量为2350m^3/s；21日19：15出现复峰水位99.34m，相应流量为1430m^3/s。

滃江水文站“22·6”北江洪水过程均采用缆道拖载走航式ADCP测验。测次分布情况为：涨水段测流3次，退水段测流6次，共测流9次，测验时机掌握较好，布点均匀。在基上400m设有比降上断面，并采用压力式水位计自动观测比降水位，本次洪水记录有完整、可靠的比降水位过程。

10. 滃江长湖水库（坝下二）水文站

长湖水库（坝下二）水文站为北江支流滃江下游控制站，设立于1947年3月，位于清远英德市大站镇长湖水库下2km，集水面积为4800km^2。6月17日22：00起涨，起涨水位为27.3m，22日8：25达到洪峰水位36.22m，涨水历时105h，水位涨幅8.92m，最大涨率0.77m/h；退水历时约40h，最大落率0.3m/h；洪水总历时约145h。

长湖水库（坝下二）水文站从2000年1月1日起停测流量项目，以长湖水库（大坝）站出库流量（即发电流量与泄洪流量之和）代替长湖（坝下二）水文站流量，并进行校测，根据出库流量数据分析，该站洪峰流量为4770m^3/s

(6 月 18 日 22：00)。

11. 连江高道水文站

高道水文站为北江支流连江下游的控制站，设立于 1954 年 4 月，位于清远英德市西牛镇高道村，集水面积为 9007km^2。测流断面冲淤不大，水位流量关系主要受洪水涨落影响。北江干流飞来峡水利枢纽工程建成后，该站中低水受其回水顶托，中低水流量移至基上 12.8km 西牛断面施测，流量推求以上游水位法推得。

高道水文站 6 月 18 日 22：00 起涨，起涨水位 25.27m，23 日 0：00 达到洪峰水位 33.37m，涨水历时 98h，水位涨幅 8.10m，最大涨率 0.35m/h；退水历时约 72h，最大落率 0.31m/h；洪峰流量为 8530m^3/s，洪水总历时约 170h。

高道水文站常规测验主要采用缆道流速仪常测法在本断面和昂坝断面施测，但“22·6”北江洪水期间，河道漂浮物骤然增多，无法使用该方法测流。6 月 20—24 日采用船载流速仪简测法施测，6 月 24 日之后仍采用缆道流速仪常测法施测。涨水过程测流 7 次，退水过程测流 5 次，共测流 12 次，实测到最大平均流速 2.26m/s，抢测到 33.34m 的高洪水位流量，涨退水过程测点分布合理，能够满足定线推流的要求。流量推求采用上游水位进行临时曲线法定线推流，其中 6 月 21—24 日采用本站水位进行临时曲线法定线推流，如图 2.1-8 和图 2.1-9 所示。

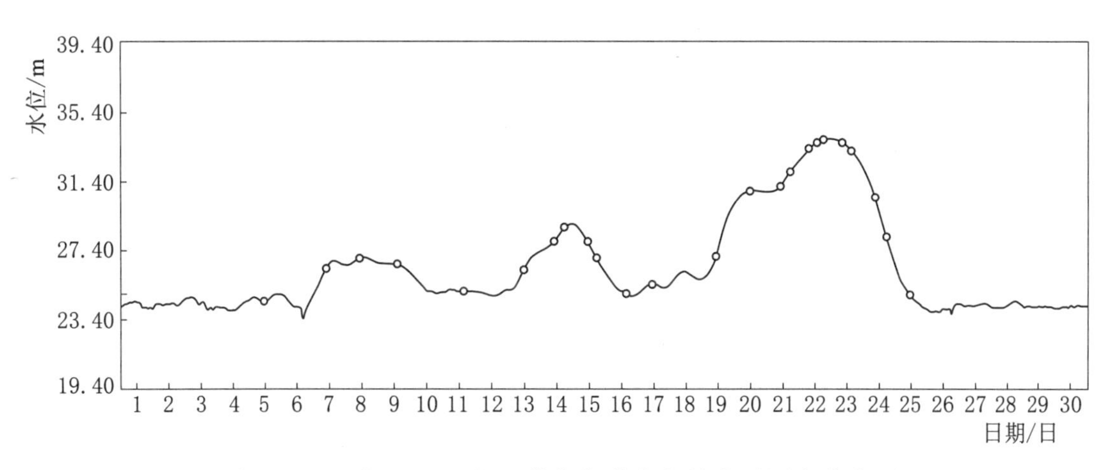

图 2.1-8 “22·6”北江洪水高道水文站流量测次分布图

12. 滨江珠坑水文站

珠坑水文站为北江支流滨江控制站，设立于 1958 年 5 月，位于清远市清新区龙颈镇珠坑圩，属国家基本水文站，集水面积为 1607km^2，距离河口 22km。

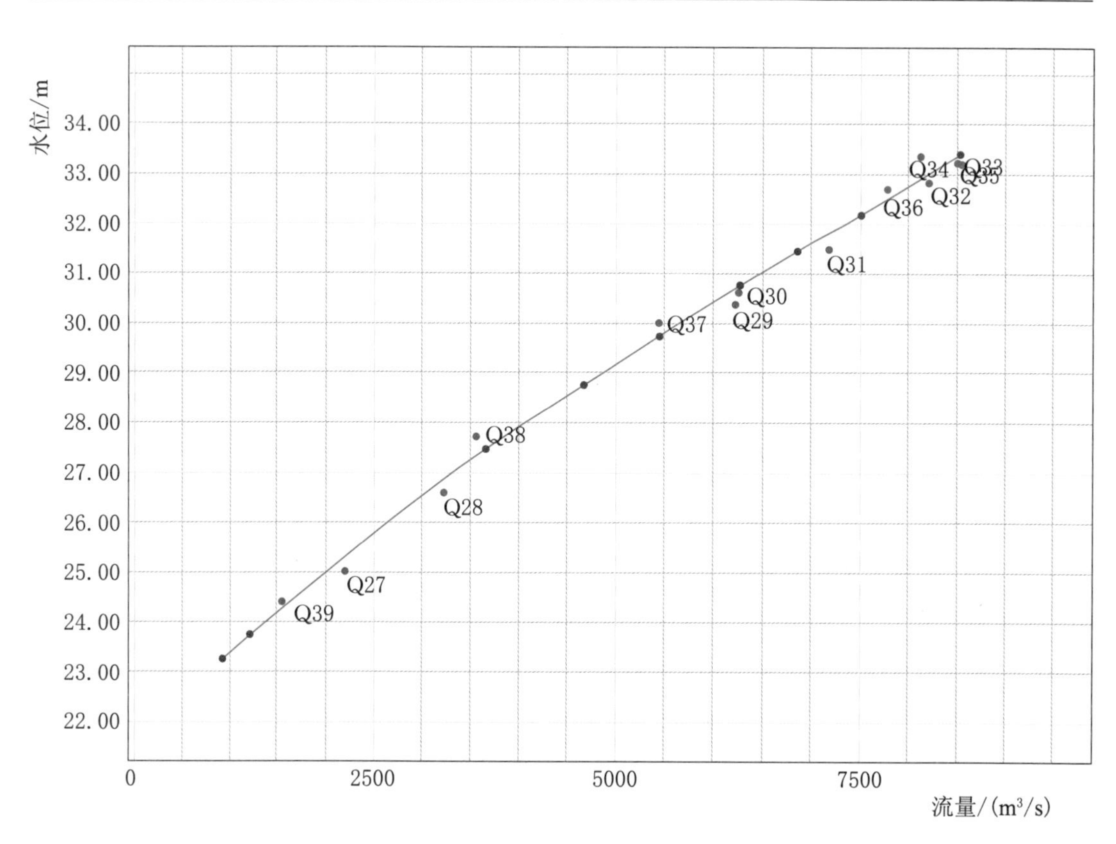

图 2.1-9 “22·6”北江洪水高道水文站水位-流量关系曲线图

珠坑水文站洪水过程是一次双峰洪水过程，20 日 23：00 起涨，起涨水位 19.74m，21 日 20：00 达到洪峰水位 21.95m，涨水历时 21h，水位涨幅 2.21m，退水历时 31h，洪峰流量为 776m^3/s，洪水总历时 52h。

13. 绥江四会水文站

四会水文站为北江支流绥江下游重要水文控制站，设于 1997 年 4 月，位于肇庆四会市城中区汇源路堤园 154 号，属于国家重要水文站，集水面积为 6502km^2，距离河口 26.6km。

四会水文站洪水过程是一次单峰洪水过程，19 日 6：00 起涨，起涨水位 7.87m，22 日 10：35 达到洪峰水位 10.74m，涨水历时 76h 35min，水位涨幅 2.87m，退水历时 72h，10：10 达到最大洪峰流量 2620m^3/s，洪水总历时约 149h。

2.1.3 水量平衡分析

根据“22·6”北江洪水干流、各主要支流的涨退水时间和洪水总历时，以及洪水沿程传播时间，以石角水文站洪水过程为依据，取各控制站同相位洪水总历时 293h，确定各站的洪水时段，进行洪量计算。

以北江干流控制站石角水文站作为总控制站，新韶水文站为北江上游浈江控制站，犁市（二）水文站为武江控制站，高道水文站为连江控制站，长湖水库（坝下二）水文站为滃江控制站，珠坑水文站为滨江控制站，大庙峡站为滃江控制站，北江干流沿程取乌石、飞来峡、石角三站作为分析节点，对洪量进行水量平衡分析，结果表明干流、支流上下游之间洪量基本平衡。

根据集水面积和时段洪量关系（表2.1-1），[新韶+犁市（二）+龙归+马坝]/乌石分别为96.4%、97.8%；（乌石+长湖+高道）/飞来峡分别为89.4%、96.7%；[飞来峡+大庙峡（二）+珠坑]/石角分别为94.8%、94.0%。从集水面积和洪量之间的比值关系及降水情况来看，基本合理。

表2.1-1　　　　北江“22·6”北江洪量平衡分析

序号	河名	站名	集水面积/km²	洪水时段		历时/h	时段洪量/亿 m³
				开始时间	结束时间		
1	浈江	新韶	7540	6月17日0：00	6月29日5：00	293	20.62
2	武江	犁市（二）	6976	6月17日16：00	6月29日21：00	293	14.67
3	南水	龙归	1428	6月17日17：00	6月29日22：00	293	6.203
4	马坝水	马坝	223	6月17日21：00	6月30日2：00	293	0.5954
5		1+2+3+4	16167			293	42.09
6	北江	乌石	16796	6月18日0：00	6月30日5：00	293	43.05
7	滃江	长湖	4804	6月17日19：00	6月30日0：00	293	19.23
8	连江	高道	9007	6月17日19：00	6月30日0：00	293	39.02
9		6+7+8	30607			293	101.3
10	北江	飞来峡	34217	6月18日4：00	6月30日9：00	293	104.8
11	潖江	大庙峡（二）	472	6月17日16：00	6月29日21：00	293	1.494
12	滨江	珠坑	1607	6月17日16：00	6月29日21：00	293	2.586
13		10+11+12	36296			293	108.9
14	北江	石角	38363	6月18日8：00	6月30日13：00	293	115.9

2.2 洪水调查

为获取无水文站区域洪峰水位、洪峰流量等资料，自2022年7月上旬开始外业调查工作，包括洪痕调查、大断面测量、水利工程调度情况调查、受淹决堤情况调查等。调查河段长度共计963.3km，累计刻画北江流域洪痕1306处，共布设断面487处，并开展断面测量。调查北江流域水利工程79处，调查受淹村庄539个，受淹淹没范围67个，溃口处13个，并开展蓄滞洪区情况专项调查。

2.2.1 北江干流

1. 调查情况

浈江、武江汇合口至石角镇界牌村，调查河段长212km，共刻画洪痕数量320处，分布于沿江两岸，洪痕总体可靠程度较高；其中左岸洪痕99处占比30.9%，右岸洪痕221处占比69.1%。可靠洪痕数量292处，占比91.2%；较可靠洪痕数量19处，占比6.0%；供参考洪痕数量9处，占比2.8%。

自汇合口至下游石角镇界牌村共测断面数量228个，垂直于河道布设，断面个数基本按每公里布设一个，若河段内有桥梁、电站、支流汇合口和河道突然收缩或扩散情况适当增加，断面间距一般为100～500m。测量大断面时，在记载簿中记载断面各部分的河床质的组成及粒径，河滩上植物生长情况（草、树木、农作物的疏密情况及其高度），各种阻水建筑物的情况（地埂、石坝、土墙等）及有无串沟等情况，借以确定河槽及河滩糙率，并测出各断面左右岸断面桩的经纬度。

2. 调查主要断面洪峰流量及洪水过程

本次北江干流洪峰流量计算从韶关浈江、武江汇合口至与佛山市交界处界牌村，区间包含北江干流清远段，计算河段长212km，共布设调查断面102个，选取8个较有代表性及控制比较好的断面采用水文调查规范计算方法计算洪峰流量，并推算专用水文站洪水过程，北江干流“22·6”洪水沿程洪峰水位及洪峰流量见表2.2-1。

表2.2-1　北江干流“22·6”洪水沿程洪峰水位及洪峰流量

序号	断面位置	洪峰出现日期	洪峰水位/m	洪峰流量/(m^3/s)	计算糙率	推算方法
1	乌石水文站	6月21日	46.76	11500		水位流量关系法
2	沙口镇高三新村高一组	6月21日	44.28	11700	0.031	比降面积法
部分水量进入波罗坑淹没区						
3	波罗坑下游河段峡谷处	6月22日	34.87	15300	0.030	比降面积法
4	飞来峡水文站	6月22日	22.91	20600		水位流量关系法
5	飞来峡峡谷入口处	6月22日	22.26	20400	0.040	比降面积法

续表

序号	断面位置	洪峰出现日期	洪峰水位/m	洪峰流量/(m^3/s)	计算糙率	推算方法
部分水量进入滘江蓄滞洪区						
6	清远（三）水位站	6月22日	14.70	18300	0.033	比降面积法
7	石角水文站	6月22日	12.33	19500		水位流量关系法
8	石角水文站下比降断面	6月22日	12.32	19900	0.029	比降面积法

注：表内水位为珠江基面以上米数。

第一个断面为韶关市乌石镇的乌石水文站，洪峰出现在6月21日，推算洪峰流量为11500m^3/s，至清远市沙口镇高三新村高一组推算洪峰流量为11700m^3/s；滃江汇入北江干流，波罗坑下游河段峡谷处断面叠加滃江流量3100m^3/s，且有小部分水量进入波罗坑淹没区，波罗坑下游河段峡谷处大约以15300m^3/s洪峰流量向北江下游传递，至飞来峡水文站断面之前有连江干流来水汇入，但由于连江干流洪峰并未与北江干流完全叠加，且飞来峡水利枢纽启动调蓄错峰，因此飞来峡水文站断面实测洪峰流量为20600m^3/s。飞来峡水文站至清远（三）水位站区间内，因启用滘江蓄滞洪区滞洪，清远（三）水位站断面推算洪峰流量为18300m^3/s，以及滘江蓄滞洪区汇出流量，此后洪峰流量到达清远市区石角水文站断面时为19500m^3/s。

3. 水面线成果

北江干流“22・6”洪水水面线从韶关市浈江区通天塔起算，绘至清远市石角镇劲翔航空飞行沙滩。北江干流水面线变化与河道特征相对应。韶关市区河段因有武江汇入，水面线变化较平缓；孟洲坝下游因受支流南水汇入的顶托影响，水面线变化也较平缓，甚至出现部分下游比上游洪痕略高的情况。洪水期滃江口（江南村）至波罗坑河段淹没区连成一片，形成较大漫滩，产生明显扩散作用，水位较平；进入浈阳峡河段后，由于河底落差较大，水面线出现较明显下降；洪水进入飞来峡库区之后，由于枢纽调蓄影响，坝下水位出现明显下降；在滘江口附近河段，由于滘江蓄滞洪区的启用，对洪水产生分洪蓄滞作用，形成较大漫滩，洪水产生明显扩散，导致洪峰水位较平；在清远水利枢纽坝前，水位小幅升高，水面线如图2.2-1所示。

2.2.2 浈江

1. 调查情况

浈江干支流共完成调查河段长138km，包括浈江干流（始兴县江口镇江口

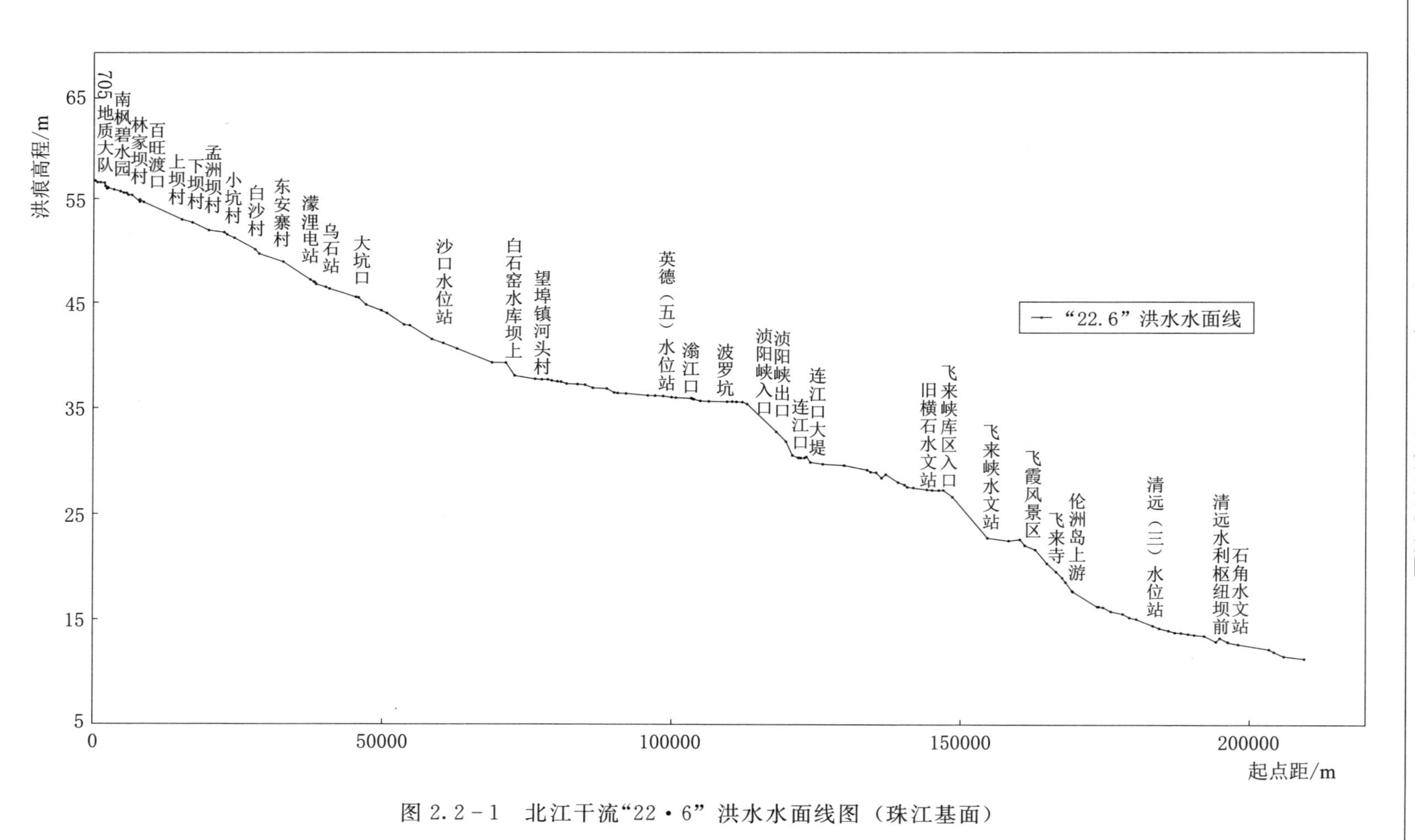

图 2.2-1　北江干流"22·6"洪水水面线图（珠江基面）

大桥至韶关市区浈、武江汇合口，调查河段长 62km)、墨江（始兴县隘子镇至深渡水乡，调查河段长 30km)、枫湾河（曲江区枫湾镇至浈江汇合口处，调查河段长 26km)、董塘水（调查河段长 20km)。

浈江干支流共查测洪痕 197 处，其中浈江干流洪痕 46 处、墨江洪痕 48 处、枫湾河洪痕 92 处、董塘水洪痕 11 处。洪痕总体可靠程度较高，可靠洪痕数量 178 处，占比 90.4%。共测量大断面 16 个，其中浈江干流 2 个、墨江 7 个、枫湾河 6 个、董塘水 1 个。断面分布于浈江干流的张滩村、水塘村，墨江的坪田村、坝尾村、黄龙山，枫湾河的高车村、黄浪水村等地。

2. 调查主要断面洪峰流量及洪水过程

在本次大洪水中，浈江的一些支流也发生了较大洪水，比如墨江、枫湾河、董塘水、大富水等部分河段出现较大漫滩，给沿岸低洼处的一些村庄造成较大财产损失。对淹没相对严重的支流河段进行了特征断面调查，推求所在河段的专用水文站洪峰流量，分析其洪水过程，浈江干流沿程及主要支流各断面的洪峰流量汇总见表 2.2-2。

表 2.2-2 浈江干流沿程及主要支流各断面的洪峰流量汇总

序号	断面位置	所在河流	洪峰出现时间	洪峰水位/m	洪峰流量/(m^3/s)	推算方法
1	小古菉	浈江	21 日 14：20	107.58	1070	水位流量关系法
2	结龙湾	罗坝水	19 日 16：40	138.05	395	水位流量关系法
3	仁化（二）	锦江	21 日 13：50	90.57	841	水位流量关系法
4	新韶	浈江	21 日 14：55	59.56	6350	水位流量关系法
5	始兴	墨江	19 日 18：35	102.67	1380	水位流量关系法
6	司前	墨江	19 日 13：20	217.05	850	水位流量关系法
7	猴子坪	董塘水	19 日 9：10	99.99	189	水位流量关系法
8	高夫	大富水	21 日 9：40	76.41	126	水位流量关系法
9	瑶前	枫湾河	21 日 17：00	67.08	861	比降面积法

3. 水面线成果

水面线变化与河道特征相应，平均坡降为 0.49‰，在仁化县大桥镇以上，查测到的洪痕较少，水面线较陡；大桥镇内水面线较平缓，之后水面线又增陡，直至浈江区十里亭镇良村；进入良村后为市区河段，洪痕点较多，受支流武江及下游洪水影响，水面线较为平缓，浈江干流水面线如图 2.2-2 所示。

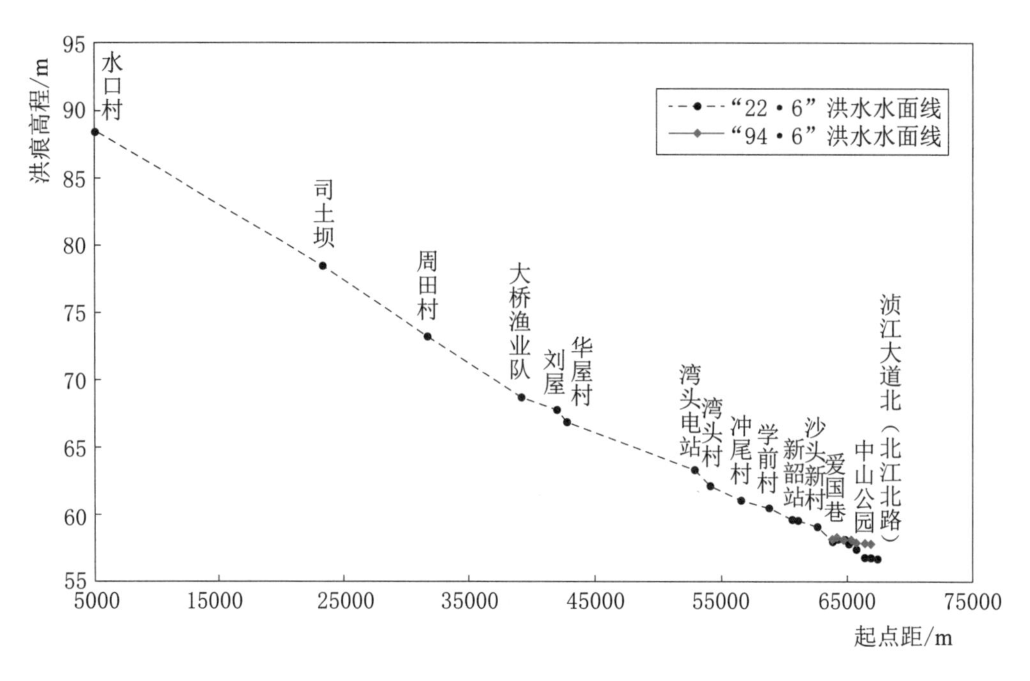

图2.2-2　"22·6"北江洪水浈江干流水面线图

同时，将本次"22·6"北江洪水水面线与"94·6"洪水水面线（仅有市区河段有洪痕查测，采用可靠的洪痕进行直线内插）进行对照。从水面线的变化趋势看，在市区河段，"22·6"北江洪水水面线较陡，"94·6"洪水受下游施工顶托等影响水面线较平缓，部分河段洪水水面线高于"22·6"，符合河道洪水特性变化的客观规律。

2.2.3　滃江

1. 调查情况

滃江流域调查河段包括贵东水汇合口至滃江汇入北江河口处，调查河段长约114km。调查洪痕共392处，其中滃江干流250处，支流142处，洪痕总体可靠程度较高。

2. 调查断面洪峰流量及洪水过程

上游滃江水文站于6月18日22：00达到洪峰流量2350m³/s，下游长湖水库（坝下二）水文站于6月18日22：00达到洪峰流量4770m³/s。其中滃江站集水面积为2000km²，长湖水库（坝下二）水文站集水面积为4804km²，滃江站集水面积占长湖水库（坝下二）水文站集水面积的41.63%。滃江干流沿程及主要支流各断面的洪峰流量汇总见表2.2-3。

表 2.2-3　　滃江干流沿程及主要支流各断面的洪峰流量汇总

序号	断面位置	河段	洪峰出现时间	洪峰水位/m	洪峰流量/(m^3/s)	推算方法
1	滃江站	滃江上游	18日22：00	101.49	2350	水位流量关系法
2	井下站	青塘水	18日12：30	116.26	681	比降面积法
3	横石水站	横石水	19日14：50	98.62	1300	水位流量关系法
4	红桥（二）站	滃江中游	19日0：40	84.33	4370	比降面积法
5	太平（英德二）站	烟岭河	18日11：50	93.59	714	水位流量关系法
6	长湖水库（大坝）站	滃江下游	19日22：00	62.03	5590	水利工程法
7	长湖水库（坝下二）水文站	滃江下游	18日22：00	36.27	4770	水利工程法

注：表中水位基面为珠江基面。

3. 水面线成果

滃江干流的水面线变化趋势基本合理。将“22・6”北江洪水水面线与“10・5”洪水进行对比，两场洪水的水面线变化趋势非常一致，客观地反映了洪水大小的基本情况，符合河道特性变化的客观规律，如图 2.2-3 和图 2.2-4 所示。

2.2.4 连江

1. 调查情况

连江流域主要调查范围包括干流，从界滩水电站至连江口，河长约 152.6km；主要支流青莲水，从岭背镇山映河畔景区（黄坌水汇入口）至青莲镇青莲水河口，河长约 23.1km，共调查河流长度约 175.7km，涉及阳山县和英德市 2 个市（县）11 个镇。

连江流域调查洪痕总数 124 个，干流及青莲水分别刻画并测量洪痕 104 个、10 个，主要分布在重要城镇、较大村落。

2. 调查断面洪峰流量及洪水过程

2022 年 6 月连江洪水为全流域洪水，主要受上游干流及支流的来水共同影响，统计连江干流沿程及主要支流各断面的洪峰流量。由于洪水持续时间长，各站都出现多峰型洪水。上游星子河凤凰山 18 日 21 时起涨（起涨水位 93.07m），于 6 月 19 日 15 时出现第一个洪峰（95.62m）；18—20 日，洞冠水黄麖塘（二）站及其到阳山区间为暴雨中心，洞冠水及干流区间水位开始同步

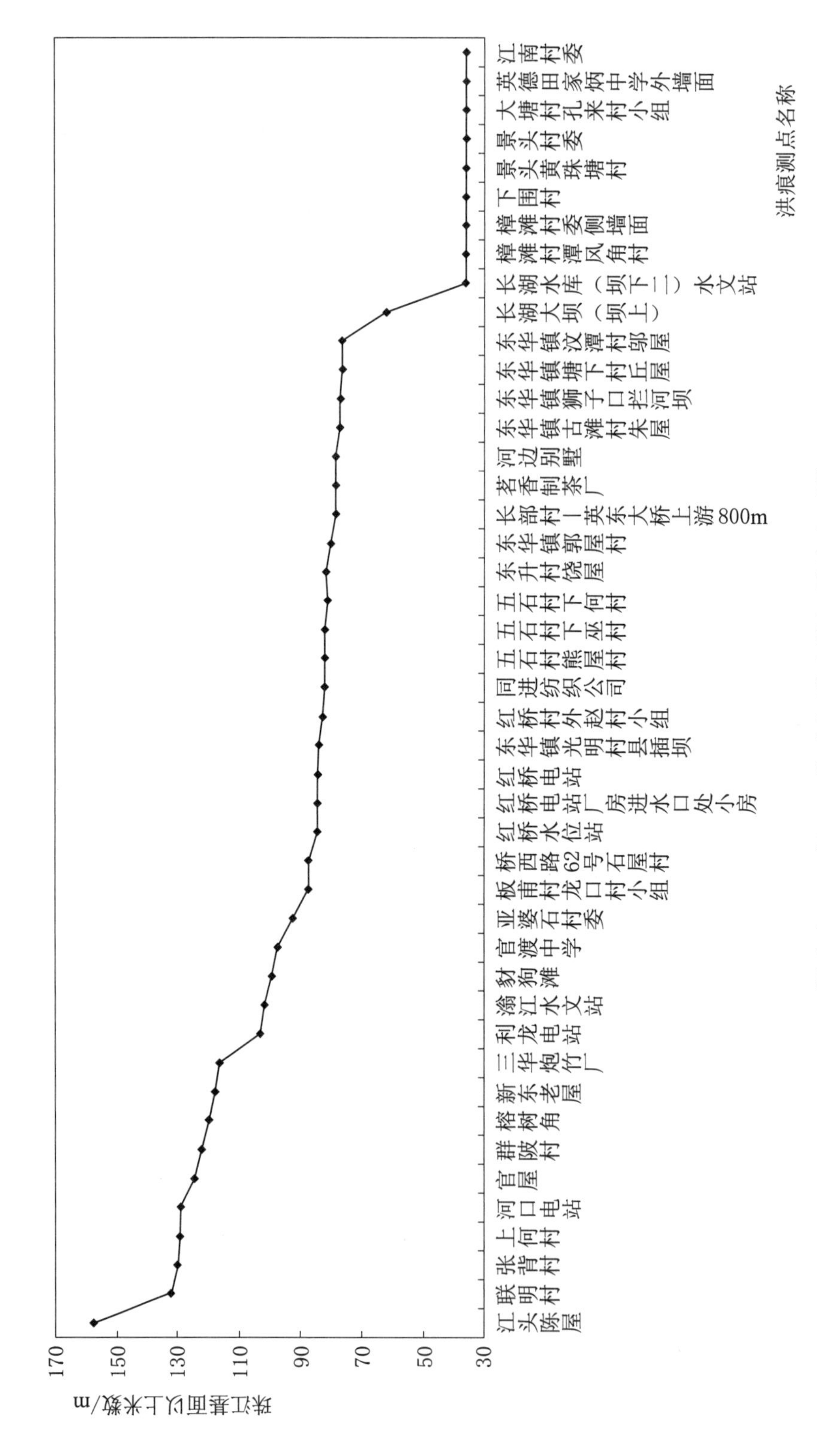

图 2.2-3 “22·6” 北江洪水滃江干流水面线

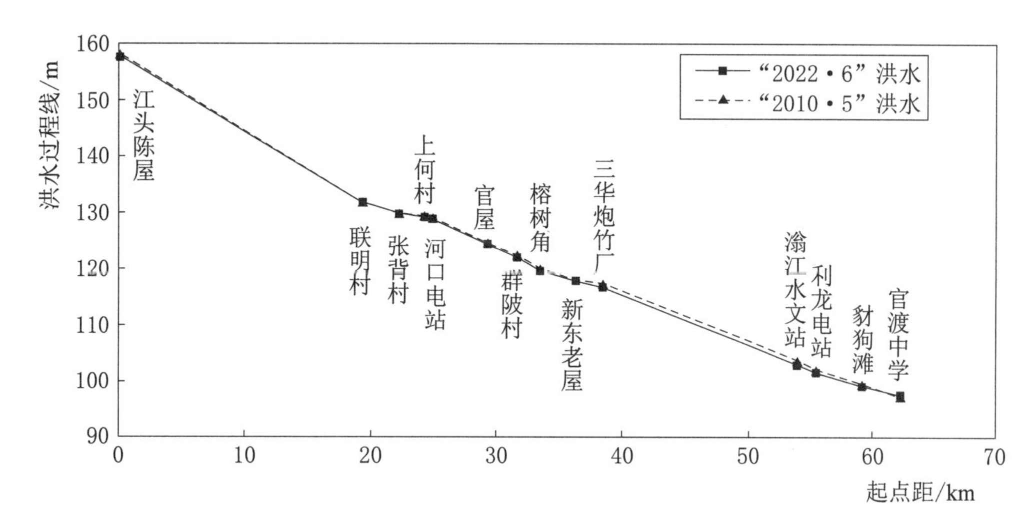

图 2.2-4 “22·6”及“10·5”北江洪水滃江干流水面线

上涨，19 日 1：00 上游及洞冠水支流开始影响到阳山，阳山（一）站水位开始上涨（起涨水位 59.75m），19 日 16：00，第一个洪峰（62.03m）到达阳山（一）站。高位持续 5h 后，阳山（一）站水位始退，退至 60.88m，直到 20 日 17：00，上游及洞冠水支流的洪水再次抬升阳山（一）站水位。18 日下午后，雨区扩展到连江全流域，阳山至高道区间洪水汇集，高道站水位 18 日晚上开始上涨，20 日 13：00，第一个洪峰（30.55m）到达高道站，之后阳山段第二个洪峰及阳山至高道段区间来水使高道站水位再度上涨，高道站于 22 日 20：10 出现 33.49m 的洪峰水位，是实测第二高水位（历史最高水位 34.21m，1982 年），连江洪峰流量汇总见表 2.2-4。

表 2.2-4　　连江干流沿程及主要支流各断面的洪峰流量汇总表

序号	河流	断面	洪峰出现时间	洪峰水位/m	洪峰流量/(m^3/s)
1	星子河（连江上游）	凤凰山	6 月 22 日 15：30	96.39	1300
2	洞冠水	黄麖塘（二）	6 月 21 日 16：15	91.85	1960
3	连江	阳山（一）	6 月 22 日 18：00	65.22	4500
4	连江	高道	6 月 22 日 20：10	33.49	8530

注：表中水位基面为珠江基面。

3. 水面线成果

连江干流的水面线变化趋势基本合理。根据左 1 洪痕高程 85.46m 及左 61 洪痕高程 32.52m，计得总高差为 52.94m。该两点距离为 137.179km。由此计算得到：查测的阳山县黎埠镇界滩至西牛镇小舍村的平均坡降为 0.386‰。全河段的坡降有5段不同的变化：黎埠镇界滩电站（起点距0m）至阳山县小江镇东风新屋村处（起点距18356m）坡降为0.527‰；阳山县小江镇东风新屋村（起点距18356m）至阳城镇北门路游泳馆处（起点距33621m）坡降为0.676‰；阳城镇北门路游泳馆（起点距33621m）至青莲镇峡头新圩村处（起点距70894m）坡降为0.239‰；青莲镇峡头新圩村（起点距70894m）至大湾镇英建村委会处（起点距78960m）坡降为0.954‰；大湾镇英建村委会（起点距78960m）至西牛镇小舍村处坡降为0.281‰。青莲镇峡头新圩村至大湾镇英建村委会河段坡降最大，该段约从青莲水汇入干流后至黄茅峡水电站前，两岸多为崇山峻岭，水面线的走势反映了河段的地形变化。

对比连江干流洪水水面线与沿程各断面的中泓河底高程线，如图2.2-5所示，从阳山县黎埠镇到英德市西牛镇，全河段的水面线的走势与中泓河底高程线趋势基本一致，无不合理之处。

2.2.5　滃江（含蓄滞洪区）

1. 调查情况

滃江流域调查范围主要包括滃江干流和大燕河，其中滃江干流为占果陂至滃江口段，调查河长约30km；大燕河为江口圩至大燕口段，河长约45km。经过现场查勘、走访询问等多种方式查证洪痕点，多数洪痕点在房屋或者水闸等固定建筑物上划记，清晰可靠，个别洪痕点由当事人现场指认并通过树上所挂漂浮物来判别。滃江流域共调查洪痕点120处，其中滃江干流57处（左岸17处、右岸40处），大燕河63处（左岸31处、右岸32处）。

2. 水面线成果

（1）滃江干流“22·6”北江洪水水面线。由于部分洪痕点位于堤外，绘制水面线时不使用该部分数据。通过比较，滃江左右两岸水面线基本一致。滃江干流左右岸洪痕水面线，如图2.2-6所示。

（2）大燕河“22·6”北江洪水水面线。大燕河左右岸洪痕水面线基本一致，如图2.2-7所示，部分河段存在洪痕偏少情况，水面线存在较大距离直线过渡。

3. 滃江蓄滞洪区蓄滞水量分析

滃江蓄滞洪区包括滃江占果陂（坝）以下河段至江口汛河段、大燕河江口圩至源潭河段及两侧区域。分别应用ArcGIS地理信息软件及水量平衡分析法对滃江蓄滞洪区水量进行分析。

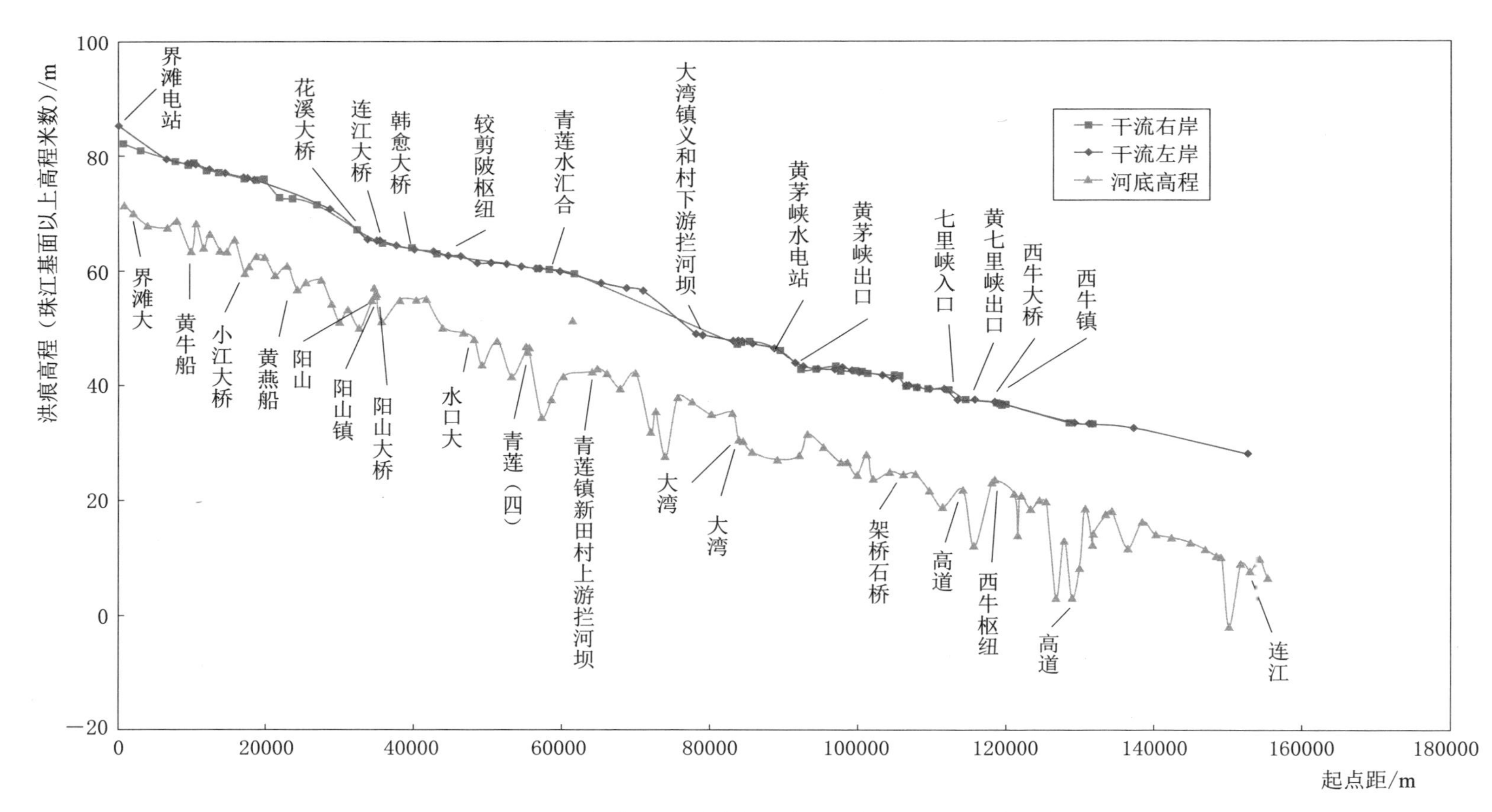

图 2.2-5　连江干流洪水水面线与沿程各断面中泓河底高程线比较图

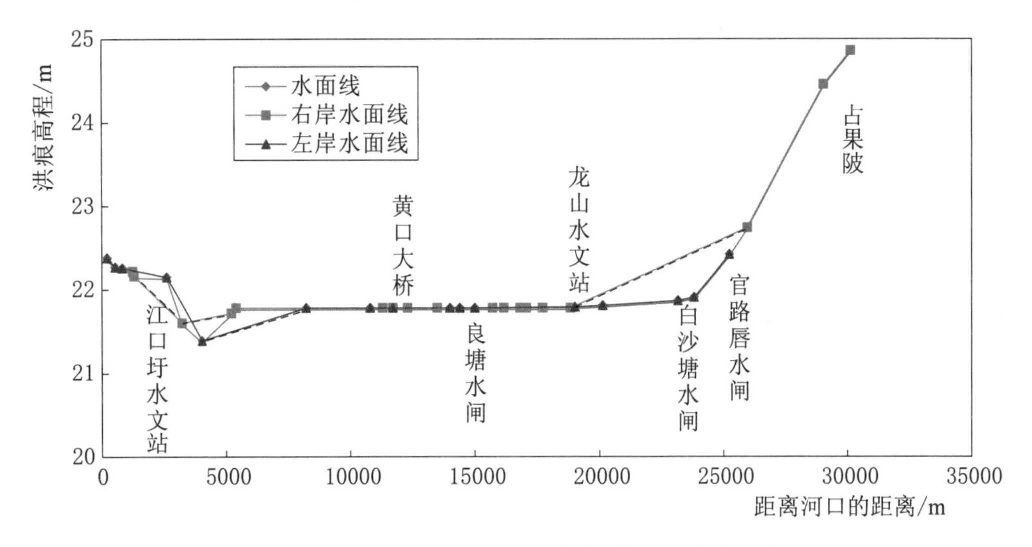

图 2.2-6　“22·6”北江洪水滘江干流水面线

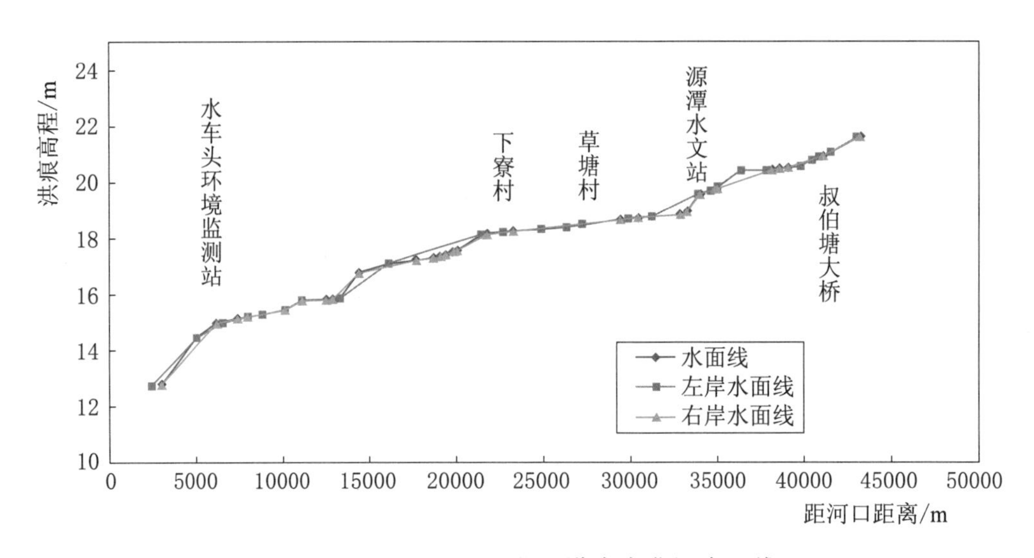

图 2.2-7　“22·6”北江洪水大燕河水面线

（1）基于地理信息的蓄滞洪区水量。

1）围内滞洪分析。滘江蓄滞洪区此次共启用大厂围、江咀围、下岳围、独树围、踵头围等5个堤围，根据调查结果及卫星影像图，可知蓄滞洪区内淹没区共分为4块，分别是江咀围淹没区、大厂围淹没区、独树围及踵头围（合并）淹没区、下岳围淹没区。蓄滞洪区蓄滞水量由4个淹没区内的蓄滞水量和河道蓄滞水量两部分组成。

应用 ArcGIS 平台，分别提取4个淹没范围内的 DEM 数据淹没范围，如图 2.2-8 所示。所引用的清远市 DEM 数据来源于地理空间数据云网站，为

ASTER GDEM 30m 分辨率数字高程数据，空间坐标系为 WGS _ 1984。根据实地洪水调查获得的洪痕高程，计算出淹没区的面积和水量，见表 2.2-5，滘江蓄滞洪区淹没区面积共 23.70km²，总水量为 1.62 亿 m³。

图 2.2-8　滘洲蓄滞洪区最大淹没范围

表 2.2-5　　各淹没区淹没面积和水量计算

淹　没　区	洪痕高程/m	面积/km²	水量/万 m³
江咀围淹没区	21.65	2.98	1953
大厂围淹没区	21.65	13.54	9912
独树围及踵头围淹没区	21.78	4.23	2898
下岳围淹没区	21.78	2.95	1485
总　计		23.70	16247

采用广东省国土 CORS 网络 GNSS RTK 接收机对淹没区内代表点的地面高程、洪痕高程进行了测量。对比实测数据与 ArcGIS 提取的淹没区范围，如图 2.2-9 所示，实测代表点基本上落在提取淹没区范围内，提取范围基本合理。

根据《滘江蓄滞洪区建设与管理工程初步设计报告》，2016 年对滘江蓄滞洪区在设计滞洪水位（300 年一遇洪水江口圩水位 21.53m）时的各围内的水位容

图 2.2－9　淹没区实测洪痕点分布图

积进行了复核，使用 ArcGIS 对设计滞洪水位下的淹没区内蓄滞水量进行计算，4 个淹没区内设计容积为 1.43 亿 m^3（表 2.2－6），两者差值为 1900 万 m^3，主要由于江咀围和下岳围的蓄滞水量差异以及实测洪痕高于设计值导致。

表 2.2－6　蓄滞洪区淹没区内容积设计值与蓄滞水量计算值对比

<table>
<tr><th rowspan="2">名　称</th><th colspan="2">设　计　值</th><th colspan="2">实　测　值</th></tr>
<tr><th>围外水位/m</th><th>容积/万 m³</th><th>洪痕水位/m</th><th>水量/万 m³</th></tr>
<tr><td>江咀围</td><td>21.49</td><td>1074.5</td><td>21.65</td><td>1953</td></tr>
<tr><td>大厂围</td><td>21.50</td><td>10029.9</td><td>21.78</td><td>9912</td></tr>
<tr><td>下岳围</td><td>21.53</td><td>289.9</td><td>21.65</td><td>1485</td></tr>
<tr><td>踵头围</td><td>21.50</td><td>473.5</td><td>21.78</td><td rowspan="2">2898</td></tr>
<tr><td>独树围</td><td>21.50</td><td>2435.2</td><td>21.78</td></tr>
<tr><td>总　计</td><td></td><td>14303</td><td></td><td>16248</td></tr>
</table>

2）河道槽蓄量分析。河道槽蓄量计算常使用断面法，断面法根据河道水下实测地形切割断面，按照几何法直接计算河道的体积，即由某一水位 Z_i 下的上下断面过水面积 A_i、A_{i+1} 计算断面间相应水位下的河道槽蓄量。

$$V_i=\frac{L_i}{3}(A_i+A_{i+1}+\sqrt{A_iA_{i+1}}) \qquad (2.2-1)$$

式中：L_i 为两断面间距，m；A_i、A_{i+1} 分别为上、下断面面积，m^2。

整个河道槽蓄量则为 $V=\sum V_i$。

根据湛江蓄滞洪区的淹没范围可知，大燕河淹没河段自江口圩至源潭站，湛江淹没河段自湛江口至占果陂。大燕河江口圩至源潭站共实测 8 个河道断面，测量各断面间距、洪痕高程，湛江口至占果陂共实测 20 个断面。计算出大燕河河道槽蓄量为 2496.36 万 m^3（表 2.2-7），湛江河道槽蓄量为 7259.6 万 m^3（表 2.2-8），湛江蓄滞洪区河道槽蓄总量为 9756 万 m^3。

表 2.2-7　　大燕河源潭-江口圩段河道槽蓄量计算

大燕河断面	断面间距/m	洪痕高程/m	断面面积/m^2	河道槽蓄量/万 m^3
断面 1（源潭站）		19.57	1840	
断面 2	890	19.74	1920	167.31
断面 3（长怖站）	1480	20.41	1730	269.98
断面 4	1430	20.41	2990	333.40
断面 5	1920	20.55	5150	772.10
断面 6	1840	21.06	1260	549.38
断面 7	1610	21.59	2110	268.36
断面 8	590	21.60	2500	135.83
总　计				2496.36

表 2.2-8　　湛江口-占果陂段河道槽蓄量计算

湛江断面	断面间距/m	洪痕高程/m	断面面积/m^2	河道槽蓄量/万 m^3
断面 1（湛江口）		22.27	1920	
断面 2	1870	22.15	3290	481.42
断面 3（京广铁路）	1260	21.67	1290	278.89
断面 4	2030	21.78	2820	407.17
断面 5	1620	21.78	2120	398.79
断面 6	1680	21.78	3510	468.04
断面 7	1270	21.78	2020	346.83
断面 8	1500	21.78	2580	344.14
断面 9	1820	21.78	2630	474.10
断面 10	2080	21.78	4800	761.49

续表

滃江断面	断面间距/m	洪痕高程/m	断面面积/m^2	河道槽蓄量/万 m^3
断面 11	1350	21.78	2670	497.25
断面 12（龙山站）	1830	21.78	1950	421.01
断面 13	1080	21.81	3630	296.66
断面 14	1420	21.84	2310	418.22
断面 15	1840	21.87	3290	512.55
断面 16	2100	22.42	1040	432.58
断面 17	1200	23.07	1270	138.37
断面 18	960	23.59	1410	128.58
断面 19	1600	24.46	1870	261.54
断面 20（占果陂）	1480	24.86	799	191.97
总　计				7259.6

滃江蓄滞洪区启用的5条围（大厂围、江咀围、下岳围、独树围、踵头围）组成4块淹没区，蓄滞水量最大为1.62亿 m^3，河道槽蓄增量最大为9756万 m^3，滃江蓄滞洪区最大蓄滞水量约2.6亿 m^3。

（2）水量平衡分析计算蓄滞水量。采用飞来峡—石角区间水量平衡法估算蓄滞洪区蓄滞洪量。根据江口圩水位过程及调令、调查情况，6月21日22：00左右独树围出现缺口，缺口长约100m，缺口进水落差约2.0m，受北江洪水急剧倒灌影响，滃江水位快速上涨，5h后，即22日3：00左右，启用清城区源潭镇踵头围，缺口长约30m，缺口进水落差约1.5m，江口圩水位上涨至21.60m（6月22日4：50）后，蓄滞洪区其余堤围陆续启用，江口圩水位逐渐下降，22日13：00水位降至最低，后逐渐升高，至23日18：30涨至21.46m后，持平一段时间，此段时间蓄滞洪区蓄滞水量最大。因此选取江口圩6月21日22：00至23日最高水位持平时段计算围内水量，根据选取的江口圩计算时段确定各控制断面计算时段，因水位变幅较小，认为该时段蓄水量变化为围内蓄水量，具体见图2.2-10、表2.2-9和表2.2-10。

表2.2-9　　水量平衡分析计算时间表

站名	起时间	止时间	历时/h
滃江蓄滞洪区（江口圩）	21日22：00	23日19：30	45.5
飞来峡	21日20：30	23日18：00	45.5

续表

站名	起时间	止时间	历时/h
石角	21 日 23：25	23 日 20：55	45.5
大庙峡（二）	21 日 15：20	23 日 12：50	45.5
珠坑	21 日 09：10	23 日 06：40	45.5
源潭	21 日 22：55	23 日 20：25	45.5

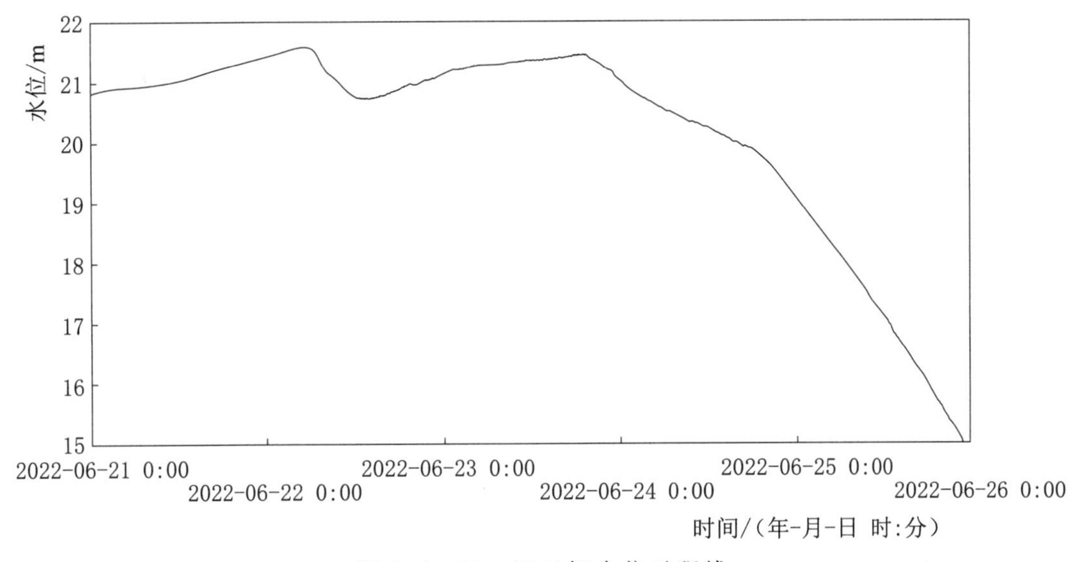

图 2.2-10　江口圩水位过程线

北江干流的飞来峡至石角段起止时刻水位接近，大燕河源潭站起止时刻水位差别也很小，仅支流滨江珠坑站、潖江大庙峡站起止时刻水位差别稍大一些。总体上看，该计算时段内河道内蓄水量变化基本可以忽略不计。

表 2.2-10　　水量平衡分析计算表

序号	河名	站名	集水面积/km^2	时段洪量/万 m^3
1	北江	飞来峡	34217	310413
2	潖江	大庙峡（二）	472	1827
3	潖江	占果陂（坝）以上	749	2899
4	滨江	珠坑	1607	7216
5	滨江	河口以上	1950	8756
6	大燕河	源潭		37970
7	北江	石角	38363	308400

注： 占果陂（坝）以上水量为大庙峡（二）按照面积同倍比放大得到；滨江河口以上水量为珠坑按照面积同倍比放大得到。

飞来峡断面的水量一部分经滘江口进入滘江蓄滞洪区，大部分沿着北江干流流向下游。石角断面的水量组成主要为北江干流来水、滘江蓄滞洪区回归干流水量等。

该计算时段内，区间基本无降水，可以得出飞来峡断面经北江干流下泄水量 $W_{1-1}=W_7-W_5-W_6=261674$ 万 m^3（其中，W_7 为石角断面水量，W_5 为滨江来水，W_6 为大燕河来水）由此可以得出经北江经滘江口进入滘江蓄滞洪区的水量 $W_{1-2}=48739$ 万 m^3。滘江蓄滞洪区蓄水量来源于经滘江口进入的北江来水、滘江上游来水，排水通道为经过大燕河汇入北江，出口控制断面为源潭站。蓄滞洪区水量$=W_{1-2}+W_3-W_6=13668$ 万 m^3。蓄滞洪区围内最大蓄滞洪量为 1.3668 亿 m^3，河道槽蓄增量最大为 9756 万 m^3，滘江蓄滞洪区最大蓄滞水量约为 2.34 亿 m^3。

（3）综合分析。因大厂围、江咀围、下岳围、独树围、踵头围蓄水主要采用 30m×30m 的网格提取计算，实测校测点不多，精度低于水量计算，综合分析滘江蓄滞洪区最大蓄滞水量约为 2.34 亿 m^3。

4. 西南涌、芦苞涌分洪情况

西南水闸、芦苞水闸 6 月 7 日 8：00 起分洪开闸，开闸流量为 $200m^3/s$；6 月 20 日 16：00 起分洪开闸，开闸流量为 $290m^3/s$。据《广东省水利厅关于北江流域水工程的调度令》（粤水防令〔2022〕5 号），芦苞水闸、西南水闸 2022 年 6 月 21 日 16：00 开闸分洪，开闸流量增至 $500m^3/s$。6 月 22 日 20：00，芦苞水闸开闸流量增至 $800m^3/s$，西南水闸开闸流量维持 $500m^3/s$；6 月 24 日 13：00，芦苞水闸开闸流量降至 $500m^3/s$。6 月 25 日 8：00，两闸分洪量降至 $300m^3/s$ 以下。结合水文应急监测综合分析，6 月 20—25 日，两涌共分洪 4.112 亿 m^3，有效降低芦苞以下河道水位，确保了北江大堤安全。

根据芦苞水闸提供的引水（分洪）水量成果，芦苞水闸 6 月 20—25 日分洪量达 2.555 亿 m^3，6 月合计引水（分洪）水量 4.985 亿 m^3。

第3章　暴雨分析

3.1　暴雨时空分布及特点

3.1.1　大气环流与气候背景

1. 南海夏季风爆发偏早

据夏季风环流监测表明，2022 年南海夏季风于 5 月第 3 候爆发，较常年（5 月第 4 候）偏早，如图 3.1－1 所示。南海夏季风爆发后，暖湿气流源源不断地向珠江流域输送，为强降水过程提供了必要条件（图 3.1－1～图 3.1－3 均来源于国家气候中心）。

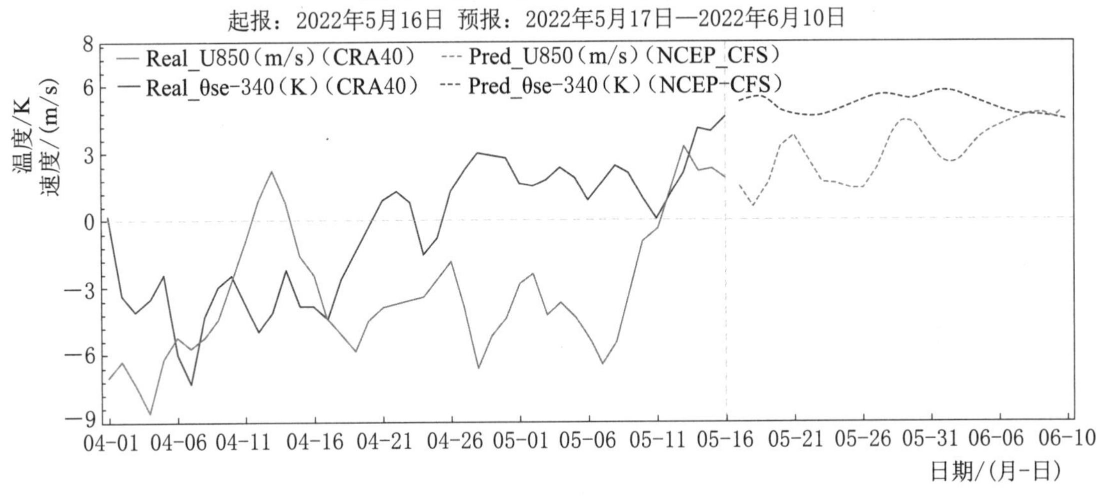

图 3.1－1　南海夏季风起讫指标

2. 冷空气活动频繁

6 月以来，东北冷涡更加活跃并且向南发展，引导冷空气南下影响珠江流域，同时也使西太平洋副热带高压位置偏西且较为稳定，致使冷暖空气在珠江流域上空频繁交汇，形成持续性的强降水天气。

3. 拉尼娜事件影响

拉尼娜现象是指赤道中东太平洋海表温度大范围持续偏冷，通过热带海-

气相互作用，造成全球大气环流异常的气候现象。2020年8月至2021年3月赤道中东太平洋已经发生了一次东部型中等强度的拉尼娜事件，随后2021年秋季再次发生拉尼娜事件，如图3.1-2所示，为2022年南海夏季风爆发偏早及珠江流域入汛偏早的重要气候背景。

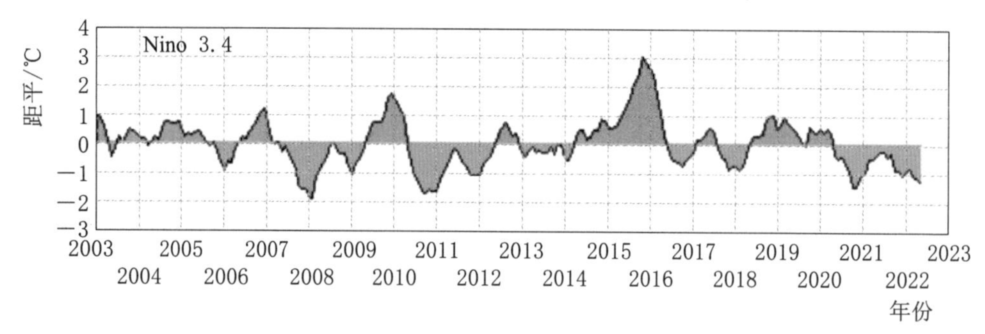

图3.1-2 2003年以来赤道中东太平洋关键区海温距平演变图

4. 青藏高原积雪偏多

研究表明，去年冬天青藏高原积雪偏多有利于华南前汛期偏涝，而偏少则有利于前汛期偏早。2021年12月至2022年2月青藏高原地区积雪异常偏多，如图3.1-3所示，为2022年龙舟水明显偏多的气候背景。

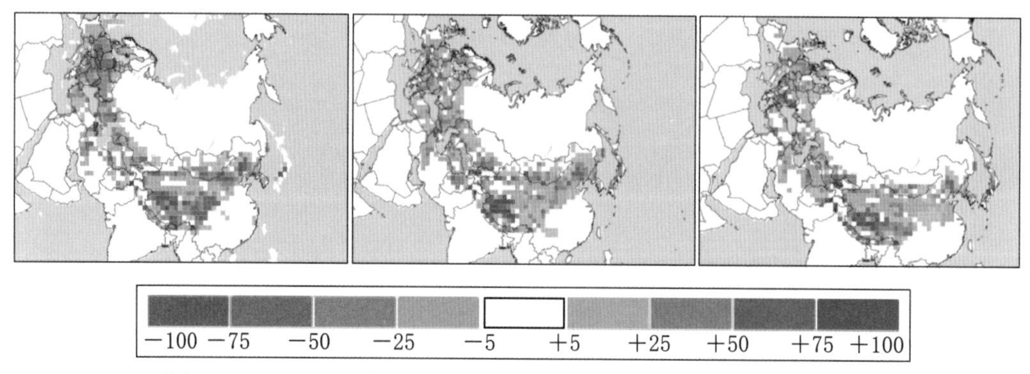

图3.1-3 2021年12月至2022年2月积雪覆盖距平百分率

3.1.2 天气系统影响

2022年6月16—21日，500hPa华南上空有南支槽发展东移，中低层长江中下游地区维持一条东西向切变线，广东省处于切变线南侧暖区中，上述天气系统共同作用造成了广东省持续性的强降水过程（图3.1-4～图3.1-7均来源于欧洲中期天气预报中心）。

1. 低空急流和水汽输送

低空急流是指地面至对流层下部（600～900hPa）的水平动量相对集中的

气流带，风速一般大于等于 12m/s，为暴雨区提供水汽输送。2022 年 6 月 16 日开始，华南地区 850hPa 上空西南风增强至 10～14m/s，逐渐形成一支西南低空急流，19 日 8：00，西南风最大风速达到 20m/s，急流轴位于广东省西南至粤北一线，直至 6 月 22 日，西南低空急流逐渐消失，持续性的强降水结束，如图 3.1－4 所示。

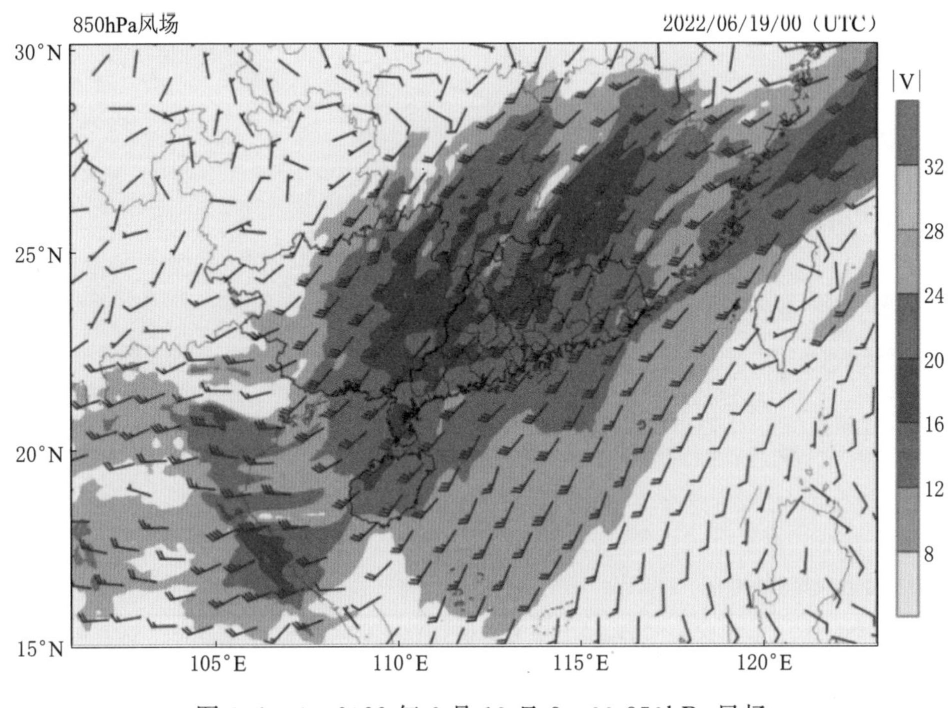

图 3.1－4　2022 年 6 月 19 日 8：00 850hPa 风场

2. 中低层切变线

6 月 17 日，华南上空西南季风明显加强，冷暖空气在长江中下游以南地区交汇，形成东西走向的切变线，18—21 日，切变线逐渐加强且稳定在长江中下游以南，如图 3.1－5 所示，广东省长时间处于切变线南侧的暖区，水汽输送持续不断，有利于强降水的发生。直至 6 月 22 日，副热带高压加强西伸，切变线减弱北抬，强降水过程逐渐结束。

3. 高空南支槽

6 月 16 日，500hPa 两广西侧南支槽开始形成，槽线位于 104°E 附近，之后南支槽逐渐发展加深。19 日南支槽缓慢东移，槽线逐渐由南北向转向东北-西南走向，至 20 日 20：00，槽线移至两广交界一带。槽前稳定的西南气流源源不断的给广东省北江流域输送水汽，槽前的辐合上升运动为降水提供了动力条件，如图 3.1－6 和图 3.1－7 所示。

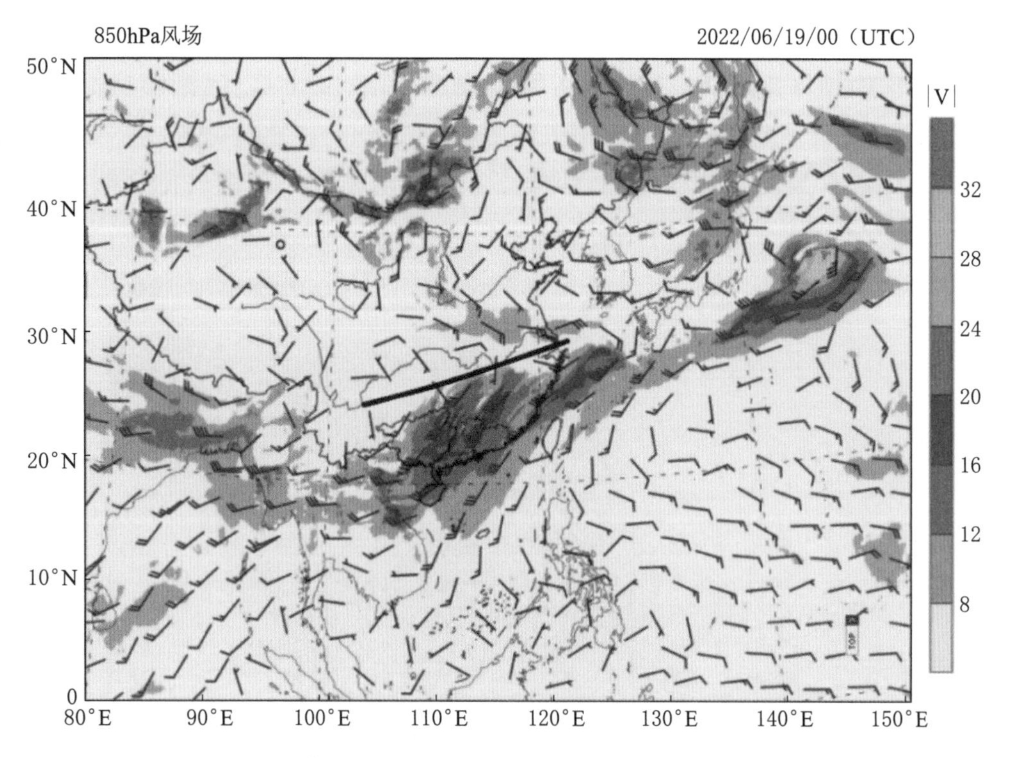

图 3.1-5　2022 年 6 月 19 日 8：00 850hPa 风场（棕色线为切变线）

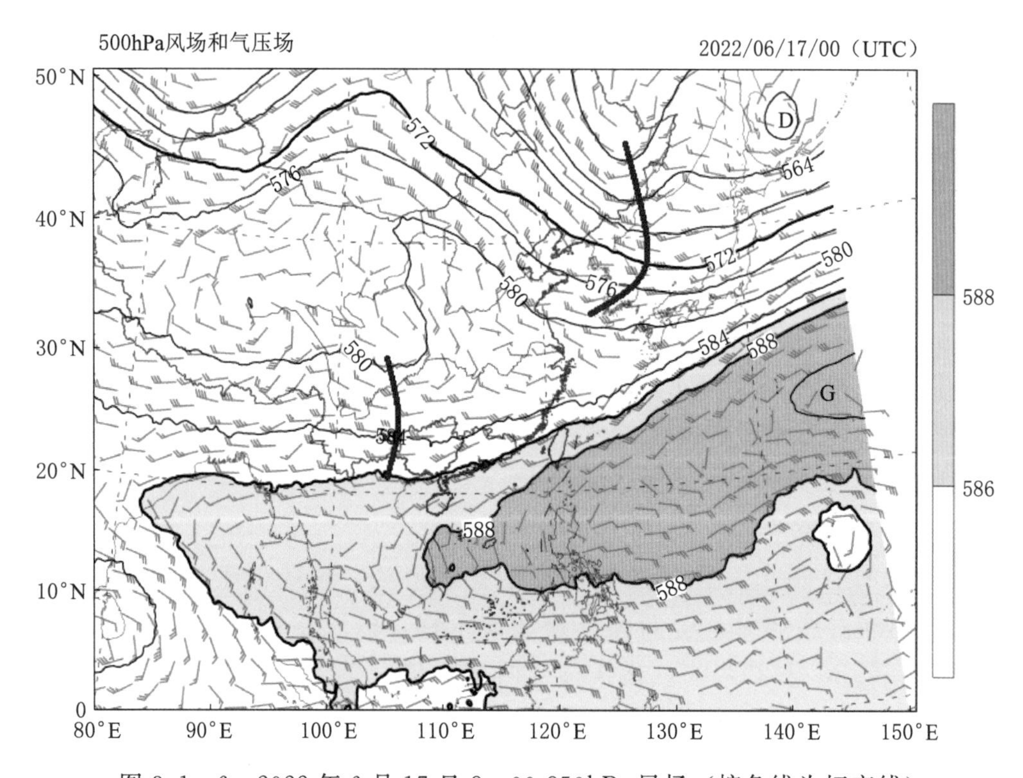

图 3.1-6　2022 年 6 月 17 日 8：00 850hPa 风场（棕色线为切变线）

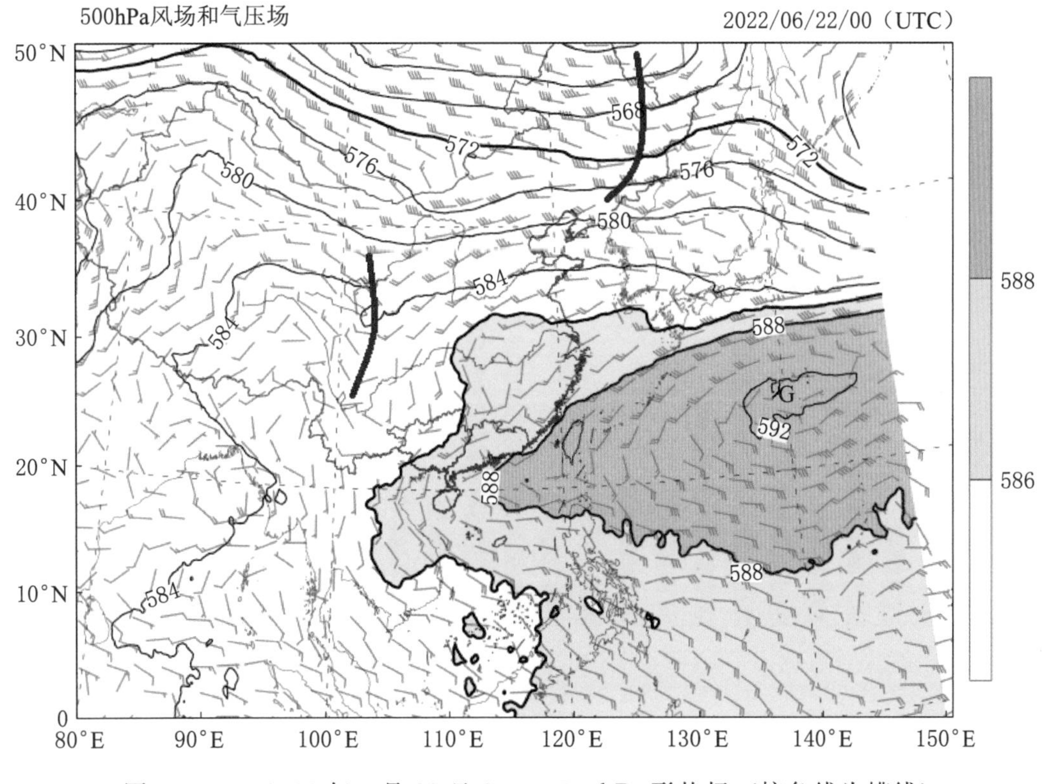

图 3.1-7　2022 年 6 月 22 日 8：00 500hPa 形势场（棕色线为槽线）

3.2　降水过程

3.2.1　总体情况

北江流域从 6 月 1 日起发生持续性降水，先后经历了 3 轮强降水过程，分别为 6 月 1—11 日，6 月 12—15 日，6 月 16—21 日，累计降水量达到 680mm。“22·6”北江特大洪水降水自 6 月 16 日开始至 21 日结束，历时 6d，累计雨量为 294.0mm。暴雨中心主要在清远英德市、韶关市翁源县、韶关市曲江区等地，累积降水量大于 600mm 的站点有 23 个，大于 500mm 的站点有 80 个、约占观测站点的 15%，大于 400mm 的站点有 138 个、约占观测站点的 26%，大于 300mm 的站点有 246 个、约占观测站点的 46%。雨量较大的站点为：滃江支流烟岭河鱼湾站（清远英德市东华镇）800mm，滃江支流横石水墨岭站（韶关市翁源县翁城镇）698.0mm，连江支流洞冠水田湖水库站（清远市连南县寨岗镇）697.5mm。北江流域逐日面平均雨量过程如图 3.2-1 所示。北江各支流、区间累积降水量如图 3.2-2 所示，累积降水量等值线如图 3.2-3 所示。

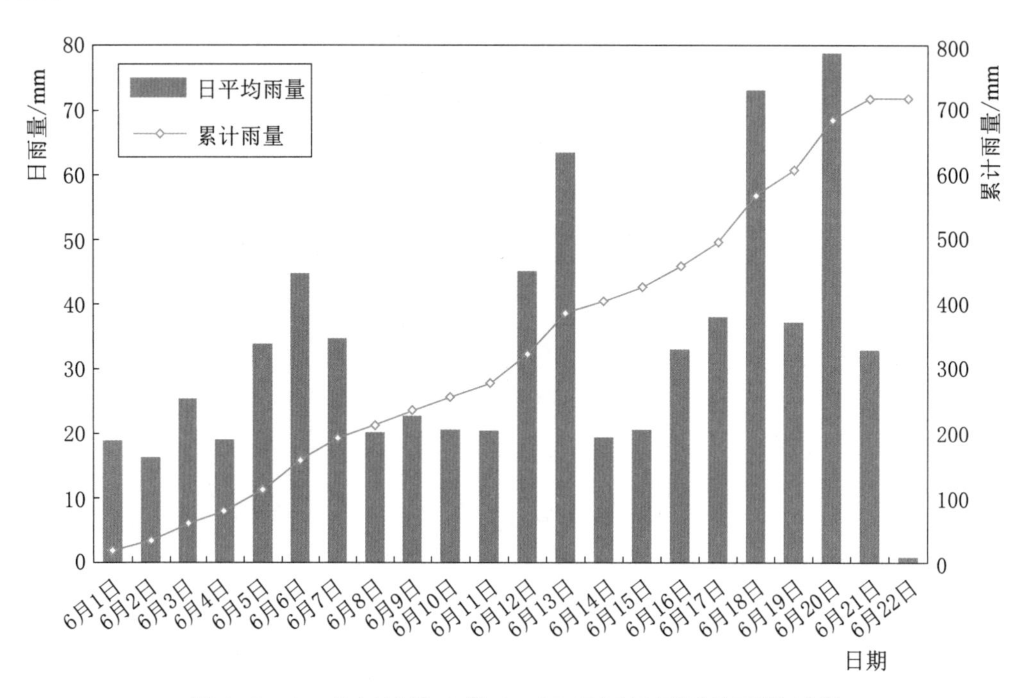

图 3.2-1　北江流域 6 月 1—22 日逐日面平均雨量过程

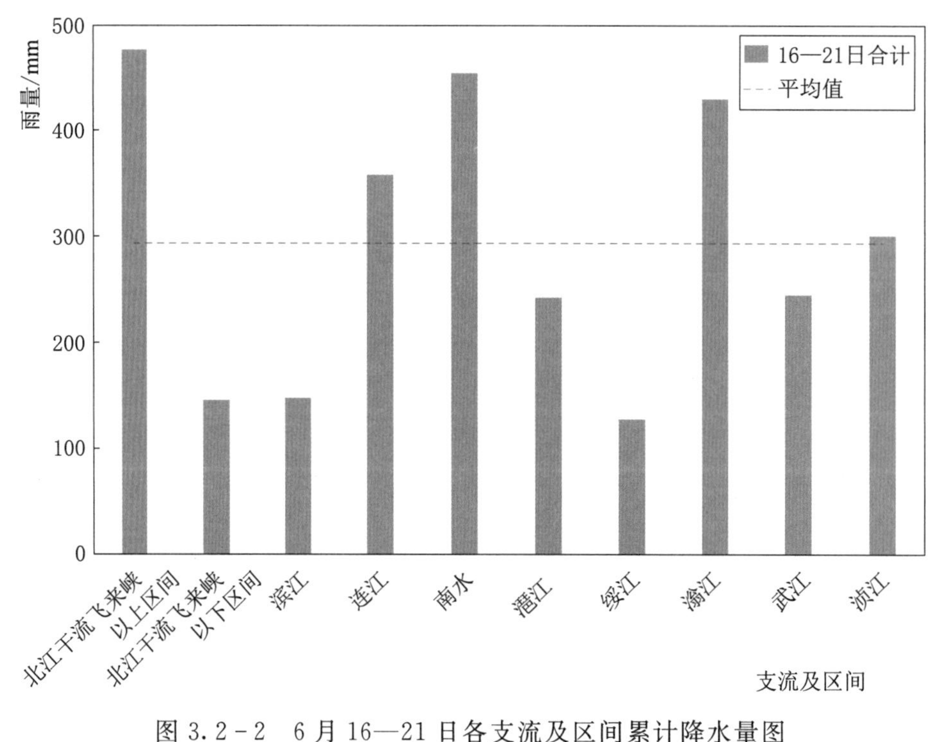

图 3.2-2　6 月 16—21 日各支流及区间累计降水量图

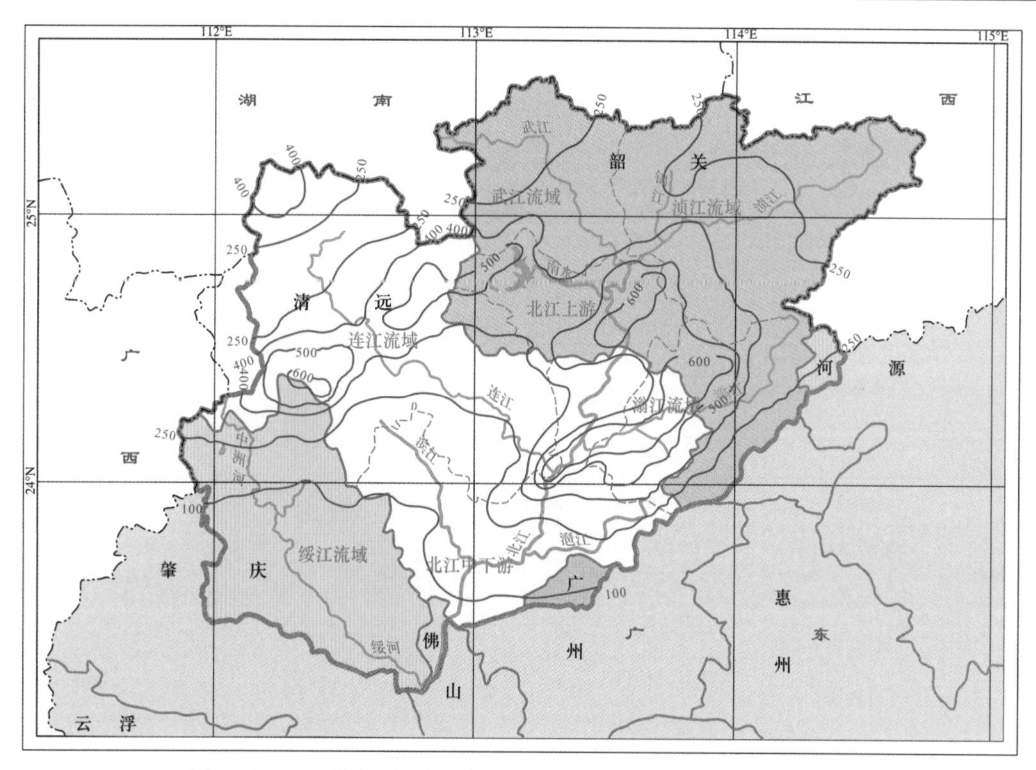

图 3.2-3　北江流域 6 月 16—21 日累积降水量等值线图

3.2.2　不同历时点暴雨

本次暴雨最大 1h、3h、6h、24h 等不同时段实测雨量均有多个站点超过 100 年一遇，见表 3.2-1。北江各不同历时最大点暴雨（前三位）分布如图 3.2-4～图 3.2-9 所示。

表 3.2-1　　各时段实测最大点雨量统计

雨强时段	最大 3 个站点	1	2	3
最大过程雨量	站名	鱼湾	墨岭	田湖水库
	站址	清远英德市东华镇	韶关市翁源县翁城镇	清远市连南县寨岗镇
	雨量/mm	800	698	697.5
	时段/(月-日　时：分)	06-16　8：00—06-22　8：00	06-16　8：00—06-22　8：00	06-16　8：00—06-22　8：00
最大 72h 雨量	站名	下山陂	田湖水库	马坝
	站址	韶关市曲江区乌石镇	清远市连南县寨岗镇	韶关市曲江区马坝镇
	雨量/mm	642	614	613.5
	时段/(月-日　时：分)	06-18　11：00—06-21　11：00	06-18　17：00—06-21　17：00	06-18　13：00—06-21　13：00

续表

雨强时段	最大3个站点	1	2	3
最大24h雨量	站名	田湖水库	上牛塘水库	鱼湾
	站址	清远市连南县寨岗镇	清远市连南县寨岗镇	清远英德市东华镇
	雨量/mm	373	358	353.5
	时段/(月-日 时：分)	06-20 17：00—06-21 17：00	06-20 18：00—06-21 18：00	06-17 22：00—06-17 22：00
	重现期	超过100年一遇(338.6mm)	接近100年一遇(358.2mm)	超过100年一遇(329.9mm)
最大6h雨量	站名	英德	下山坡	鱼湾
	站址	清远英德市英城镇	韶关市曲江区乌石镇	清远英德市东华镇
	雨量/mm	267.5	235.0	234
	时段/(月-日 时：分)	06-21 7：00—06-21 13：00	06-19 4：00—06-19 10：00	06-21 8：00—06-21 14：00
	重现期	超过100年一遇(215.4mm)	超过100年一遇(163.2mm)	超过100年一遇(221mm)
最大3h雨量	站名	鱼湾	英德	岭背
	站址	清远英德市东华镇	清远英德市英城镇	清远市阳山县岭背镇
	雨量/mm	190	173.5	165
	时段/(月-日 时：分)	06-21 10：00—06-21 13：00	06-21 7：00—06-21 10：00	06-20 19：00—06-20 22：00
	重现期	超过100年一遇(161.6mm)	接近100年一遇(174.7mm)	超过100年一遇(139.4mm)
最大1h雨量	站名	鱼湾	湾头水利枢纽	佛冈(水务局)
	站址	清远英德市东华镇	韶关市仁化县	清远市佛冈县
	雨量/mm	126.5	114	88
	时段/(月-日 时：分)	06-21 10：00—06-21 11：00	06-19 7：00—06-19 8：00	06-18 6：00—06-18 7：00
	重现期	超过100年一遇(98.6mm)	超100年一遇	超过10年一遇(85.7mm)

3.2.3 暴雨过程

1. 逐日暴雨过程

6月16日，北江流域面平均雨量为33.1mm，暴雨中心主要在清远市佛冈县，日雨量大于100mm的站有7个，大于50mm的站有65个。日雨量较大的

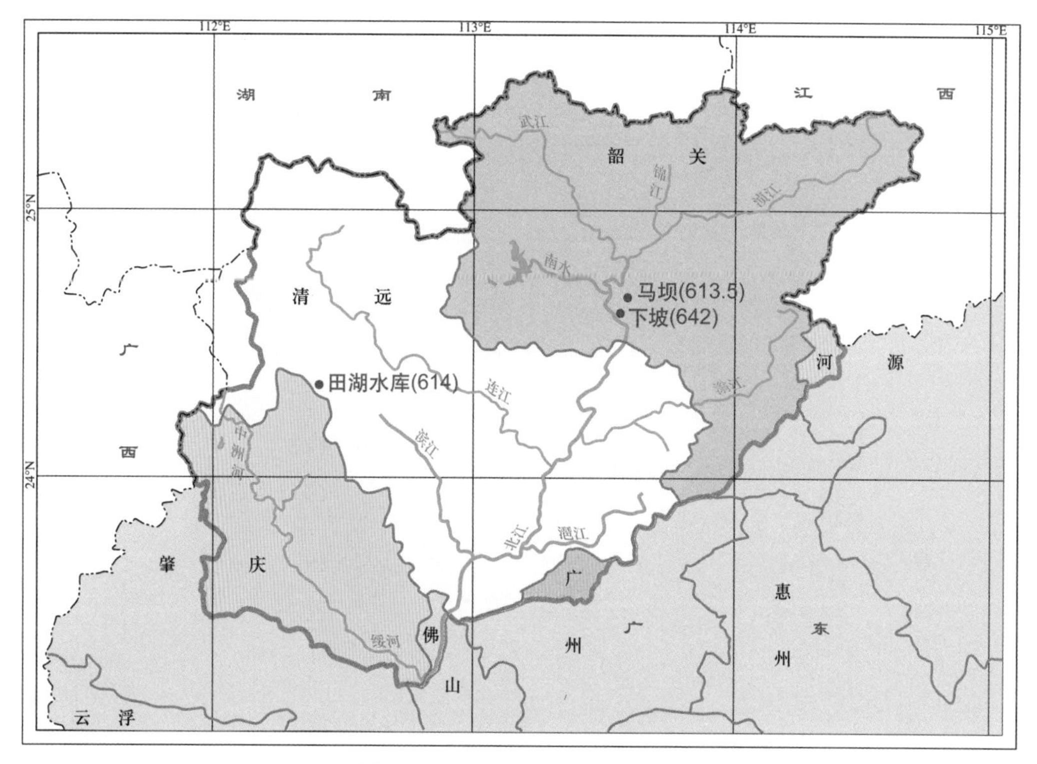

图 3.2-4 最大 72h 点暴雨

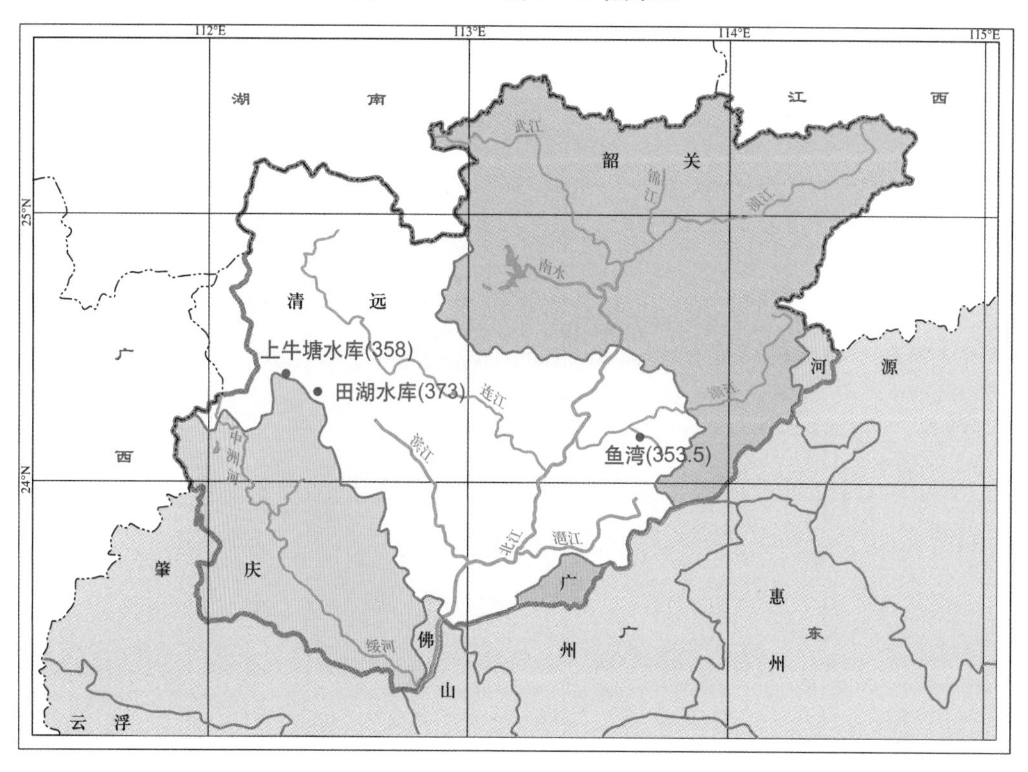

图 3.2-5 最大 24h 点暴雨

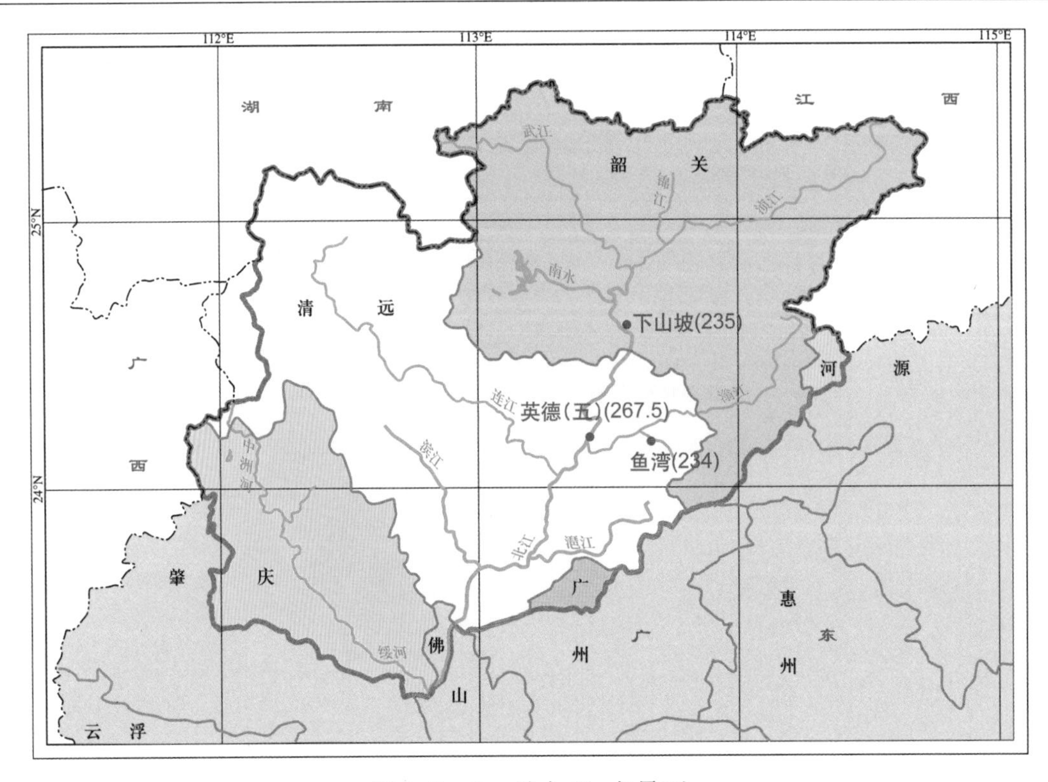

图 3.2-6 最大 6h 点暴雨

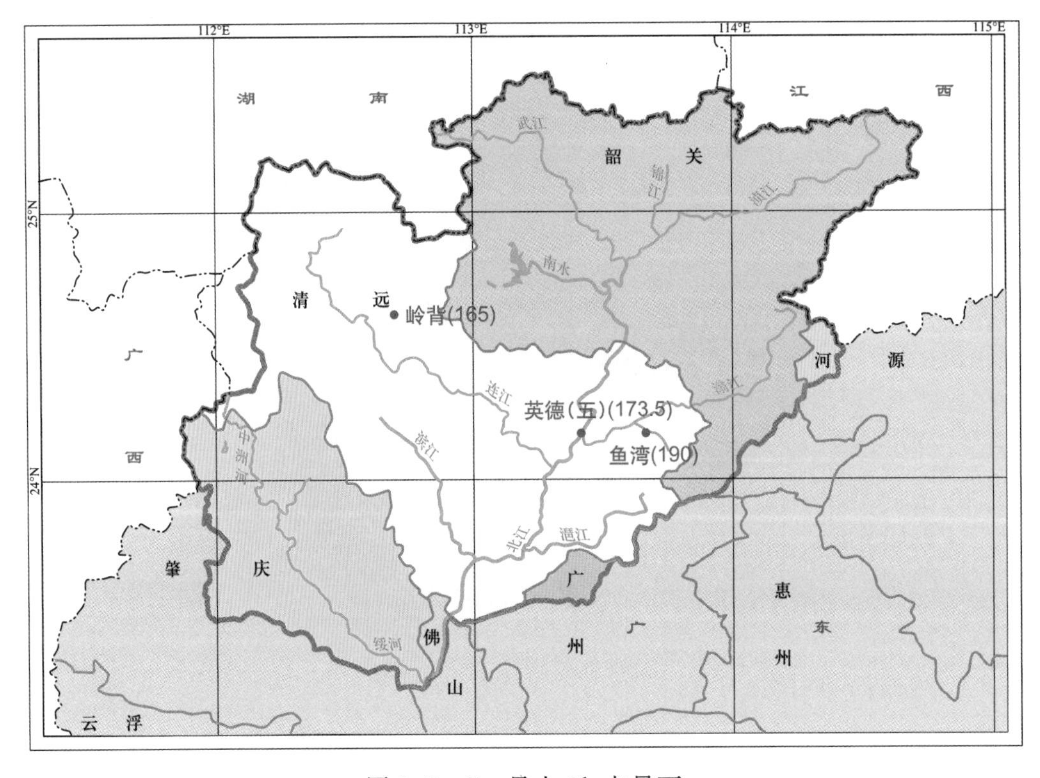

图 3.2-7 最大 3h 点暴雨

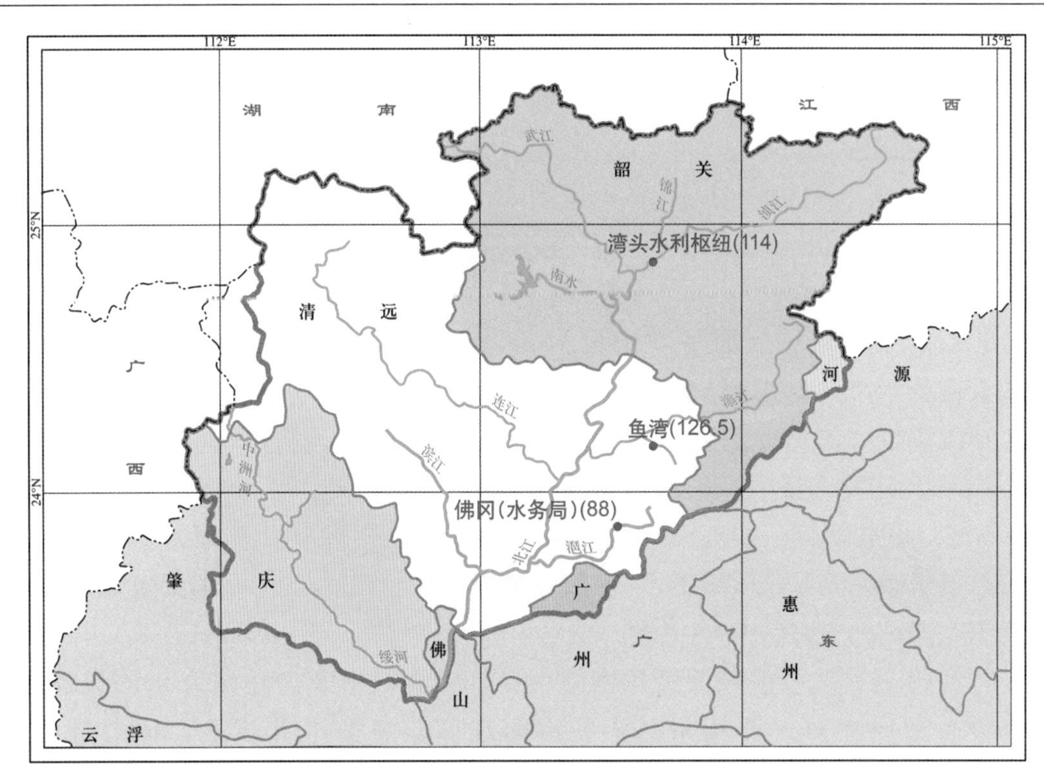

图 3.2-8 最大 1h 点暴雨

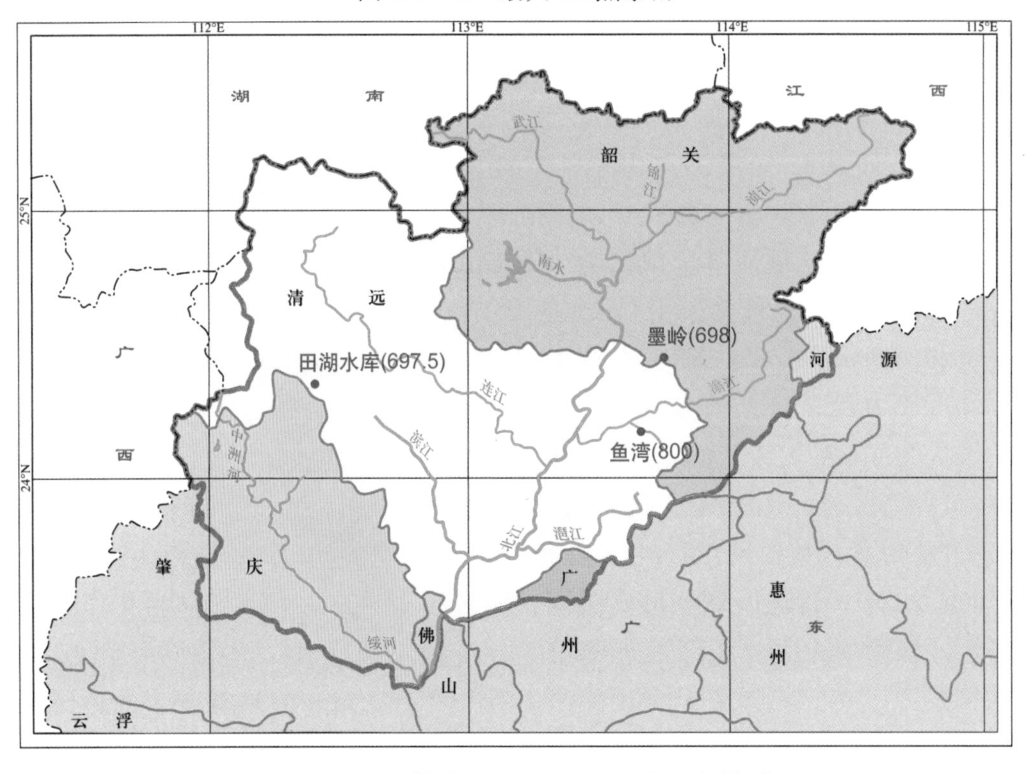

图 3.2-9 最大 6 日（16—21 日）点暴雨

站点有：滃江支流四九水石瓮站（清远市佛冈县汤塘镇）141.5mm，滃江支流烟岭河高岗站（清远市佛冈县高岗镇）139.0mm，滃江支流烟岭河路下站（清远市佛冈县高岗镇）131mm。其中，最大1h雨量站点为滃江上游山田站（清远市佛冈县石角镇）61.5mm，最大3h雨量站点为滃江支流四九水石瓮站105.5mm，最大6h雨量站点为滃江支流四九水石瓮站132.0mm，重现期均为5年一遇左右。

6月17日，流域内面平均雨量为37.9mm，暴雨中心主要在韶关市翁源县、清远英德市，日雨量大于100mm的站有43个，大于50mm的站有109个。日雨量较大的站点有：滃江支流横石水墨岭站（韶关市翁源县翁城镇）243.5mm。其中，最大1h雨量站点为滃江中游佛冈站（清远市佛冈县）88.0mm、超过10年一遇，最大3h雨量站点为滃江支流烟岭河鱼湾站（清远英德市东华镇）144.5mm、5年一遇，最大6h雨量站点为滃江支流烟岭河鱼湾站154.0mm、超过10年一遇。

6月18日，北江流域面平均雨量为73.1mm，中上游地区降水明显加强，暴雨中心主要在清远英德市、韶关市曲江区、韶关市乳源县，日雨量大于200mm的站有5个，大于100mm的站有132个，大于50mm的站有204个。日雨量较大的站点有：滃江支流烟岭河鱼湾站227.0mm。其中，最大1h雨量站点为浈江下游湾头水利枢纽站（韶关市仁化县）114.0mm、超100年一遇，最大3h雨量站点为北江支流樟市水罗坑站（韶关市衢江区罗坑镇）145.0mm、20年一遇，最大6h雨量站点为北江支流南水梯下站（韶关市乳源县龙南镇）179.0mm、超过100年一遇。

6月19日，流域面平均雨量为37.2mm，暴雨中心主要在韶关市翁源县、韶关市曲江区，日雨量大于100mm的站有28个，大于50mm的站有140个。日雨量较大的站点有：滃江支流横石水太平站（韶关市翁源县新江镇）144.5mm。其中，最大1h雨量站点北江支流山田水山心站（清远市清城区飞来峡镇）62.0mm，最大3h雨量站点滃江支流横石水墨岭站（韶关市翁源县翁城镇）113.0mm、超10年一遇，最大6h雨量站点为连江支流青莲水秤架站（清远市阳山县秤架镇）121.5mm、20年一遇。

6月20日，流域内降水再次加强，面平均雨量为78.8mm，为6月最大单日降水，暴雨中心主要在清远市阳山县、清远市连南县，日雨量大于200mm的站有27个，大于100mm的站有130个，大于50mm的站有291个。日雨量较大的站点有：连江支流青莲水岭背站（清远市阳山县岭背镇）314mm。其中，最大1h雨量站点连江支流青莲水岭背站（清远市清城区飞来峡镇）

84.5mm、超20年一遇，最大3h雨量站点连江支流青莲水岭背站（清远市清城区飞来峡镇）165.0mm、超100年一遇，最大6h雨量站点为岭背站185.0mm、超100年一遇。

6月21日，流域面平均雨量为32.9mm，暴雨中心主要在清远英德市、清远连州市，日雨量大于100mm的站有30个，大于50mm的站有108个。日雨量较大的站点有：滃江支流烟岭河鱼湾站（清远英德市东华镇）237.5mm。其中，最大1h雨量站点滃江支流烟岭河鱼湾站126.5mm、超100年一遇，最大3h雨量站点滃江支流烟岭河鱼湾站190.0mm、超100年一遇，最大6h雨量站点为滃江支流烟岭河鱼湾站234.0mm、100年一遇。图3.2-10～图3.2-15为逐日降水量等值线图。

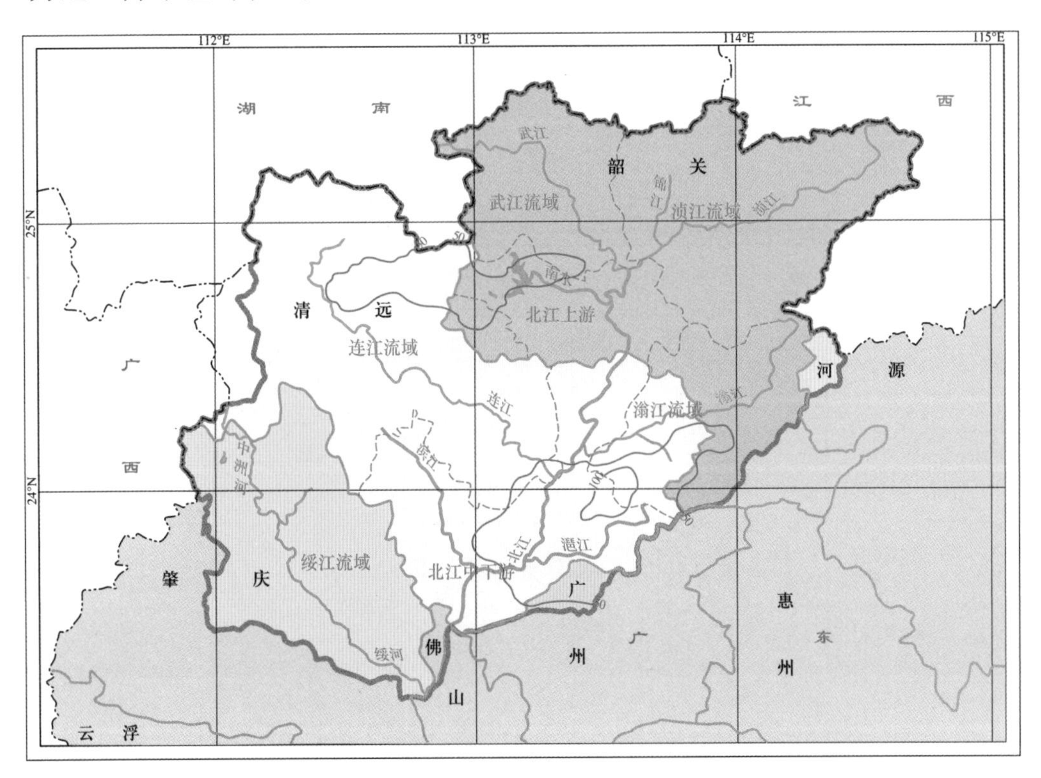

图3.2-10　北江流域6月16日降水量等值线图

2.12h降水等值线

6月16—21日，12h的降水量等值线共12幅，如图3.2-16～图3.2-27所示。

3. 6h降水等值线

因6h的降水量等值线图幅较多，故绘制了降水较为集中的18日2：00至21日14：00的降水等值线，共计14幅图，如图3.2-28～图3.2-41所示。

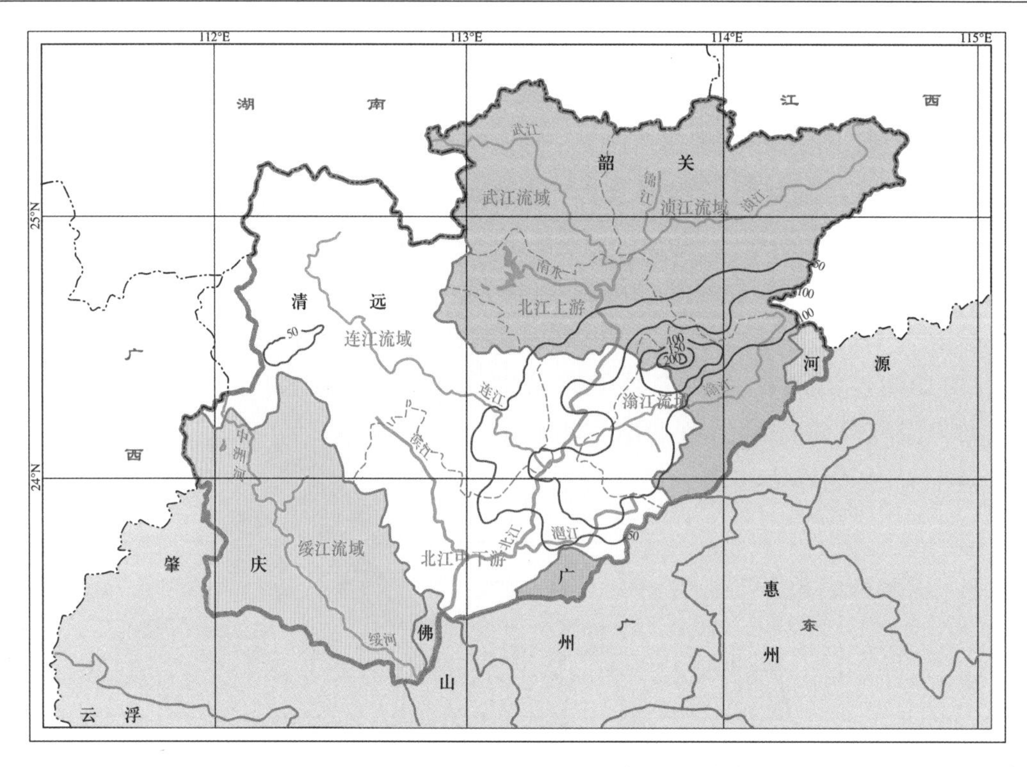

图 3.2-11 北江流域 6 月 17 日降水量等值线图

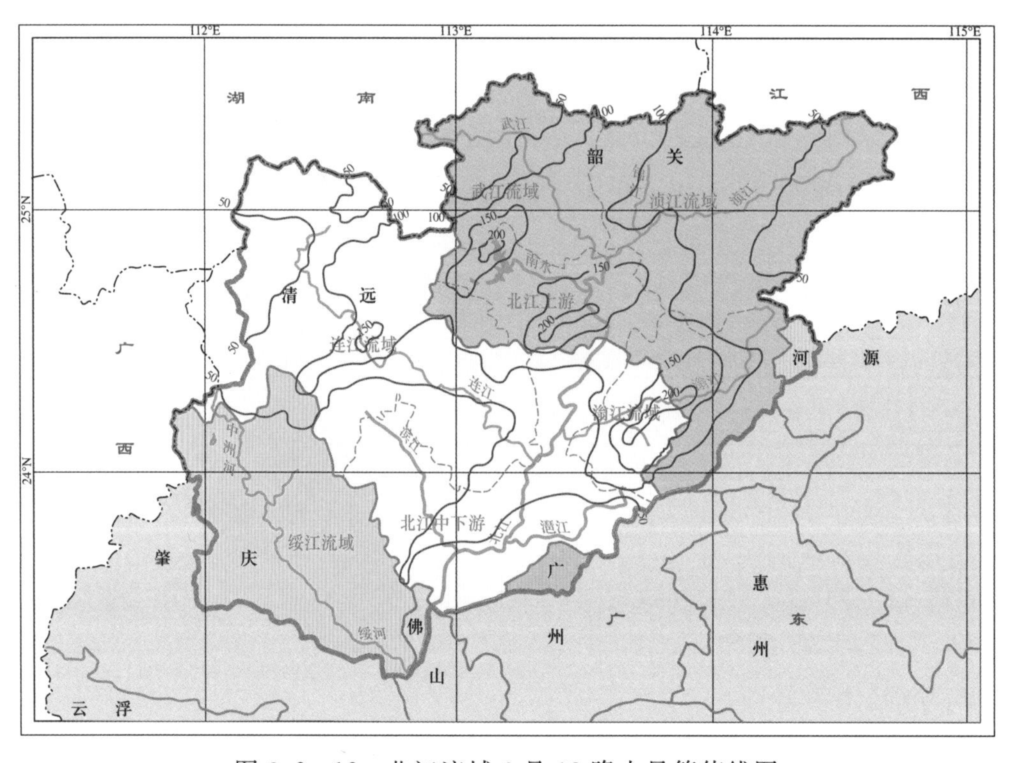

图 3.2-12 北江流域 6 月 18 降水量等值线图

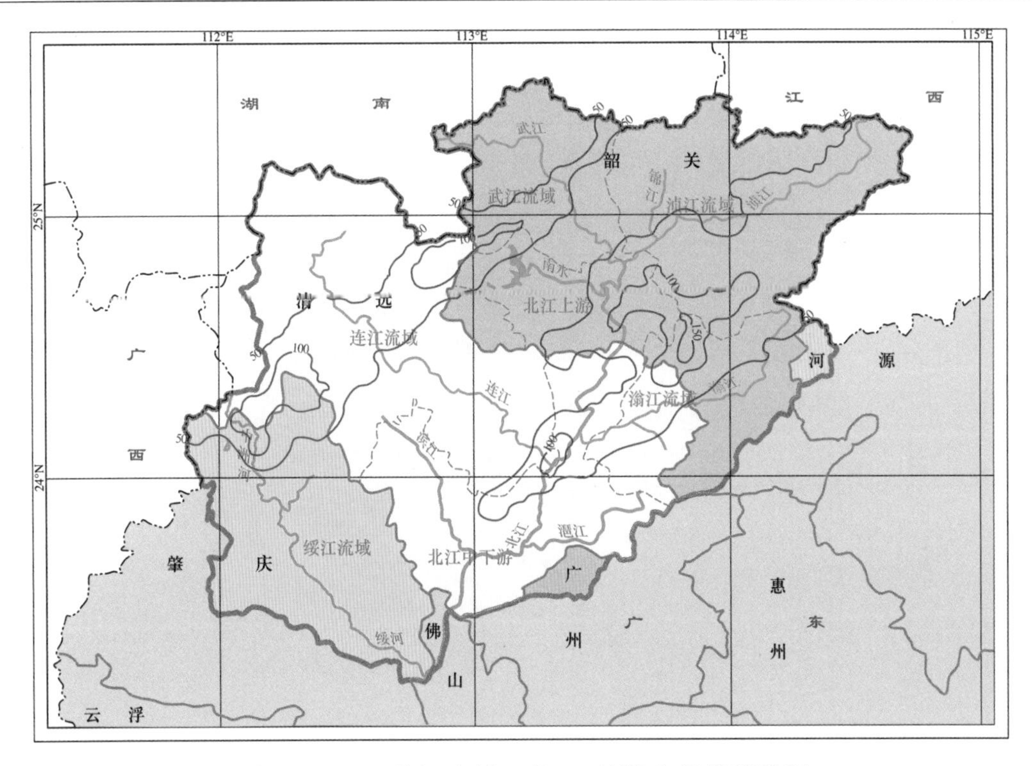

图 3.2－13　北江流域 6 月 19 日降水量等值线图

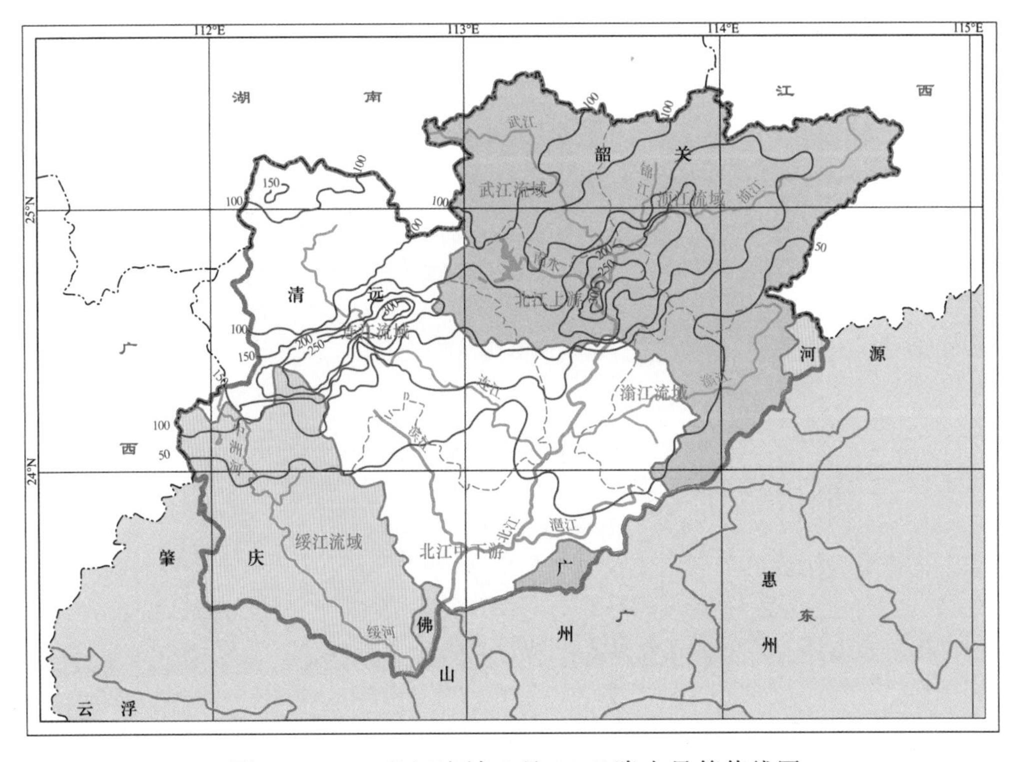

图 3.2－14　北江流域 6 月 20 日降水量等值线图

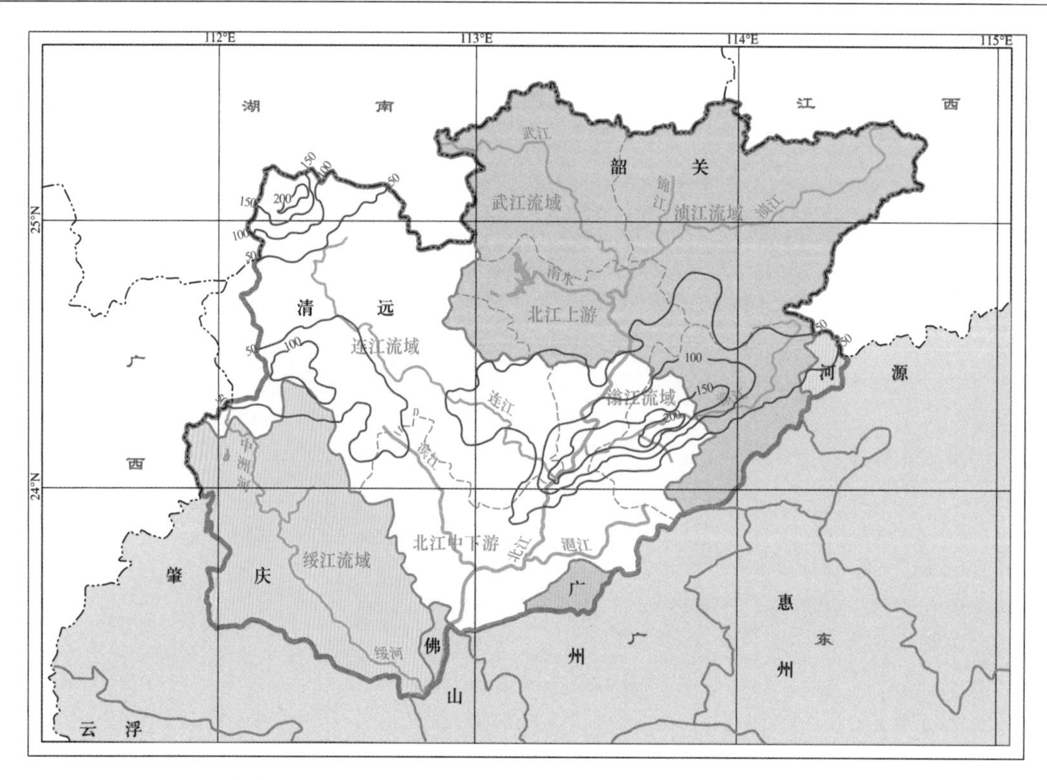

图 3.2-15 北江流域6月21日降水量等值线图

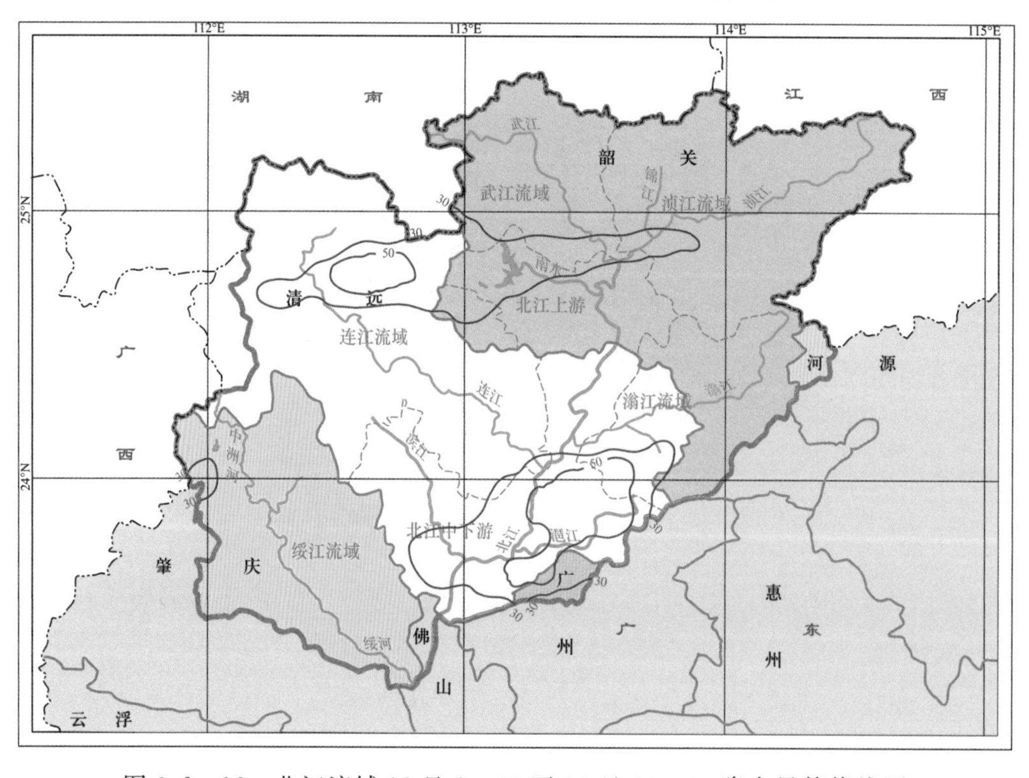

图 3.2-16 北江流域16日8：00至16日20：00降水量等值线图

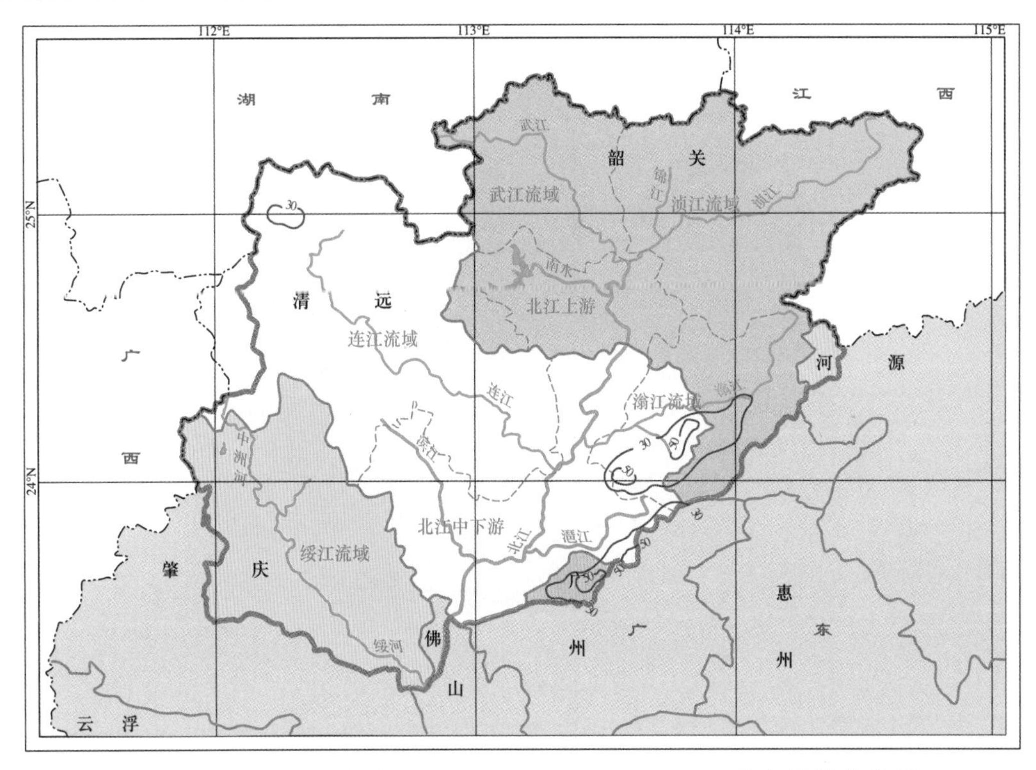

图 3.2－17 北江流域 16 日 20：00 至 17 日 8：00 降水量等值线图

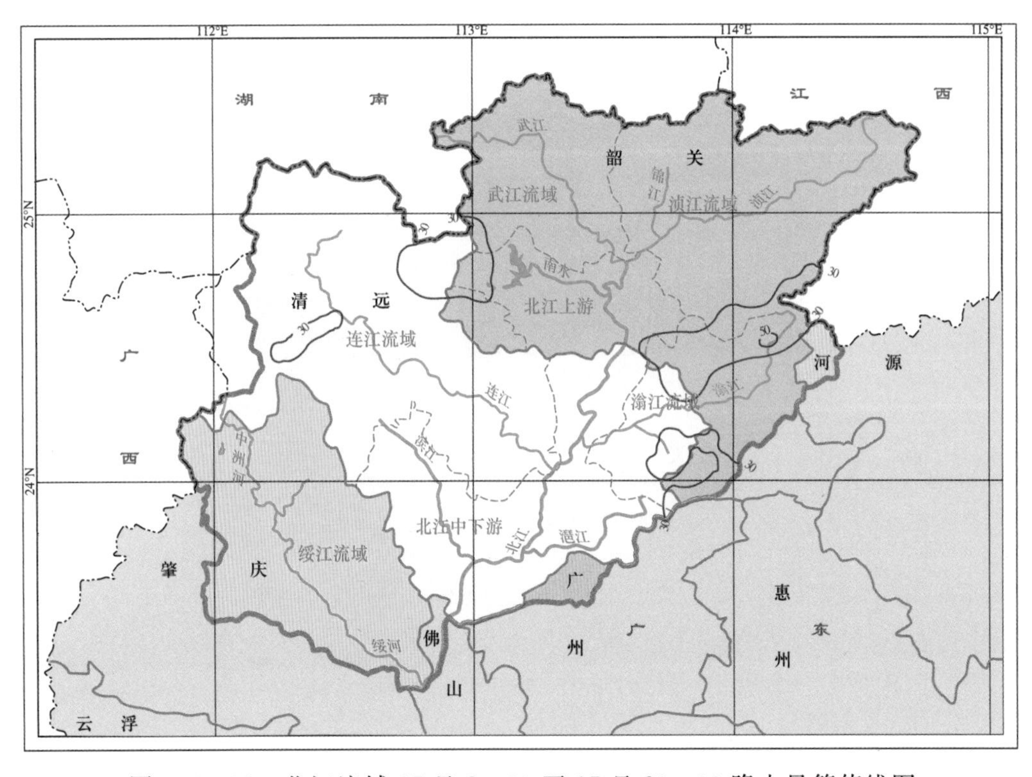

图 3.2－18 北江流域 17 日 8：00 至 17 日 20：00 降水量等值线图

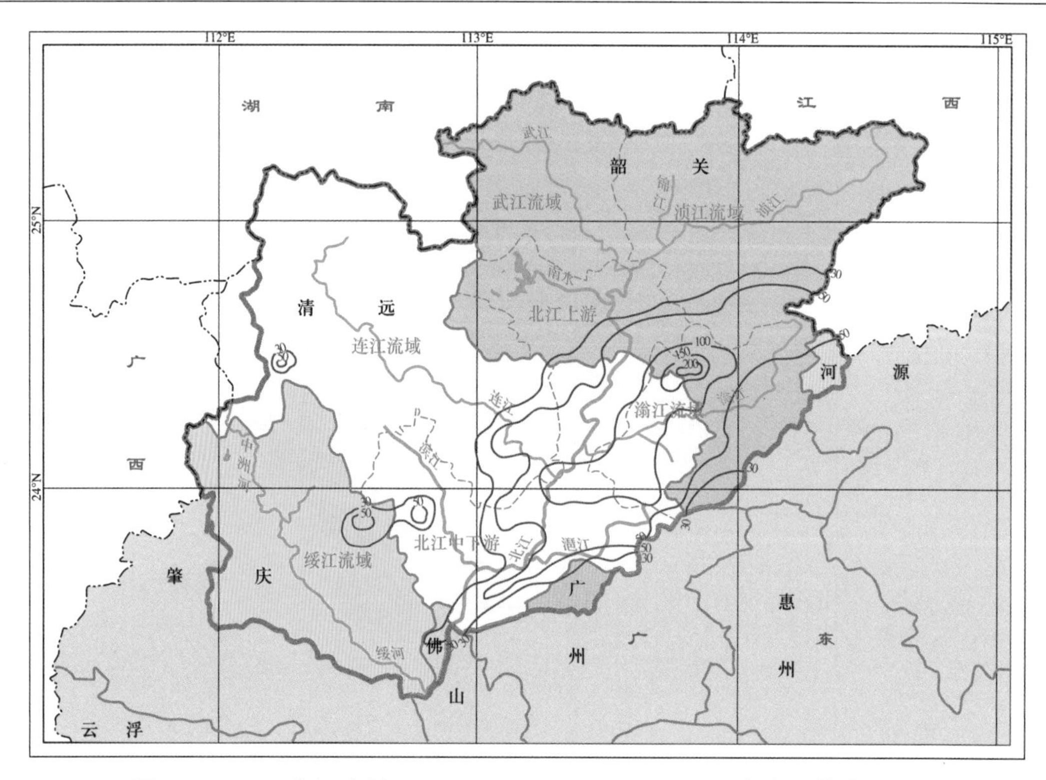

图 3.2-19　北江流域 17 日 20：00 至 18 日 8：00 降水量等值线图

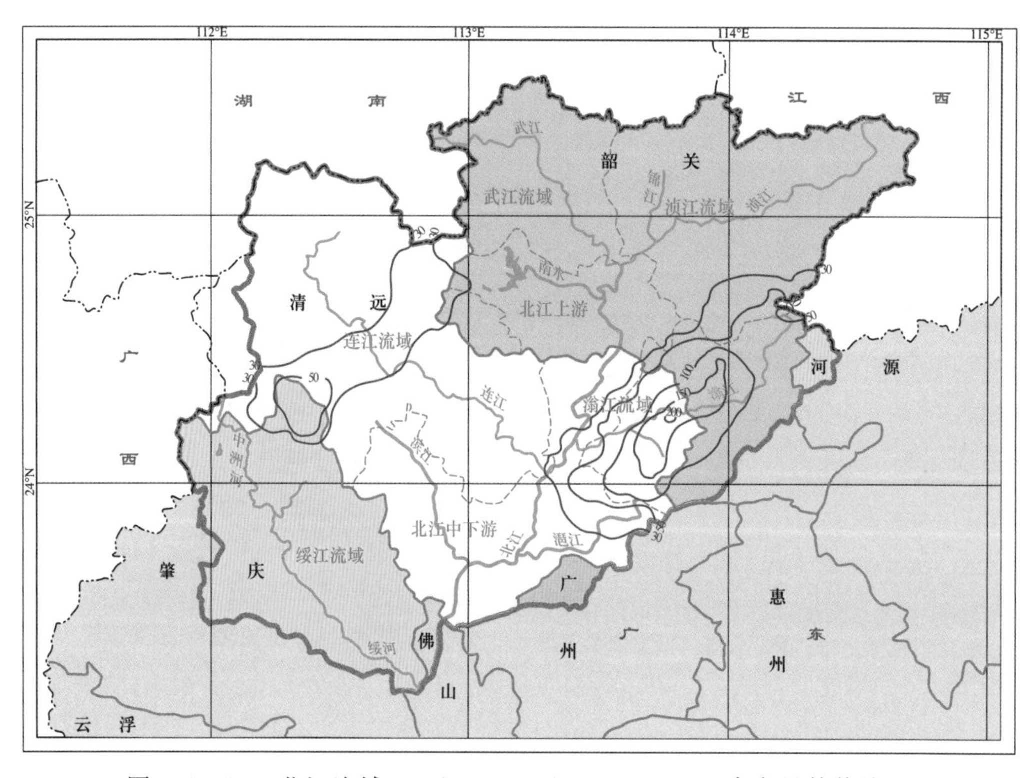

图 3.2-20　北江流域 18 日 8：00 至 18 日 20：00 降水量等值线图

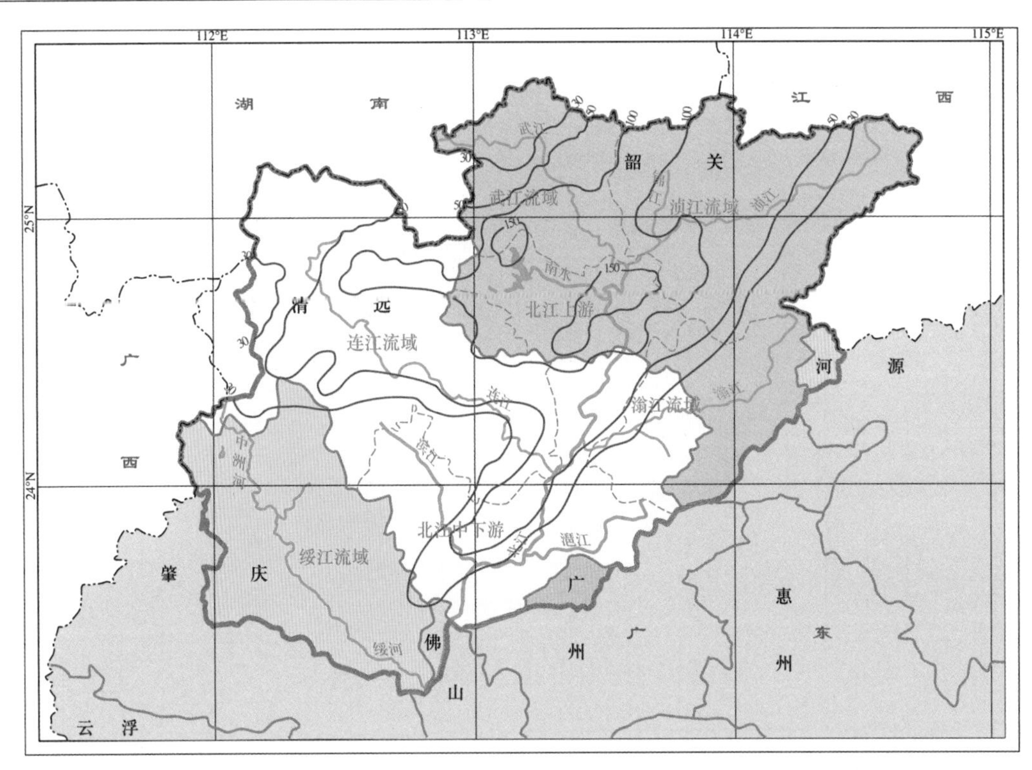

图 3.2-21　北江流域 18 日 20：00 至 19 日 8：00 降水量等值线图

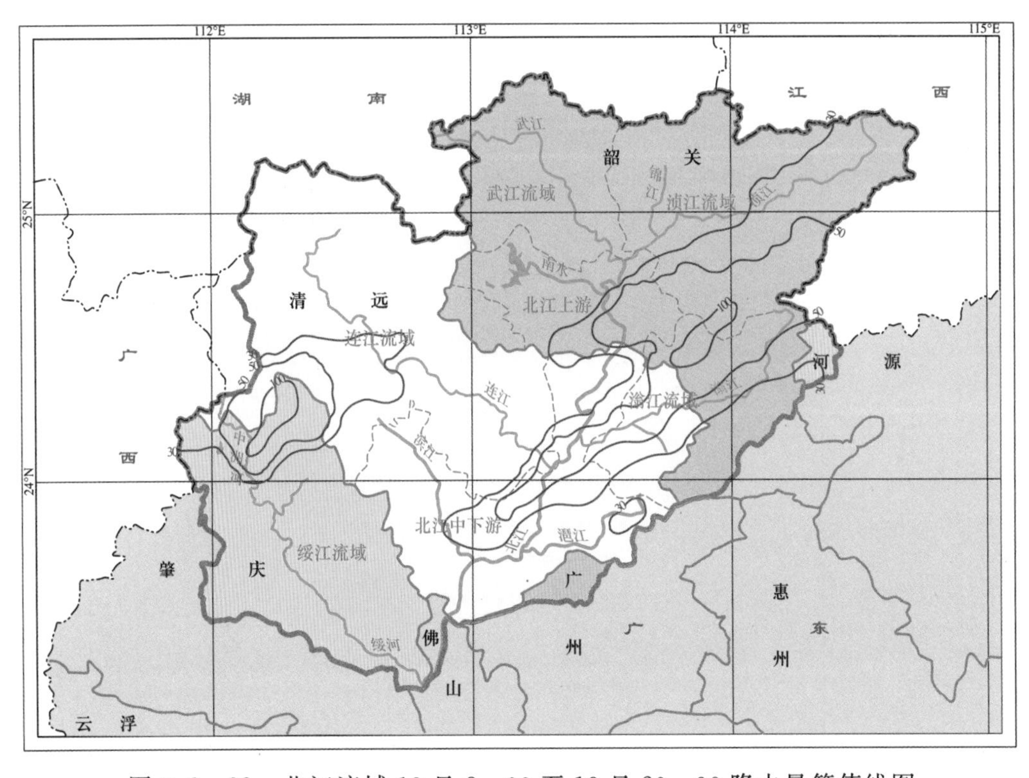

图 3.2-22　北江流域 19 日 8：00 至 19 日 20：00 降水量等值线图

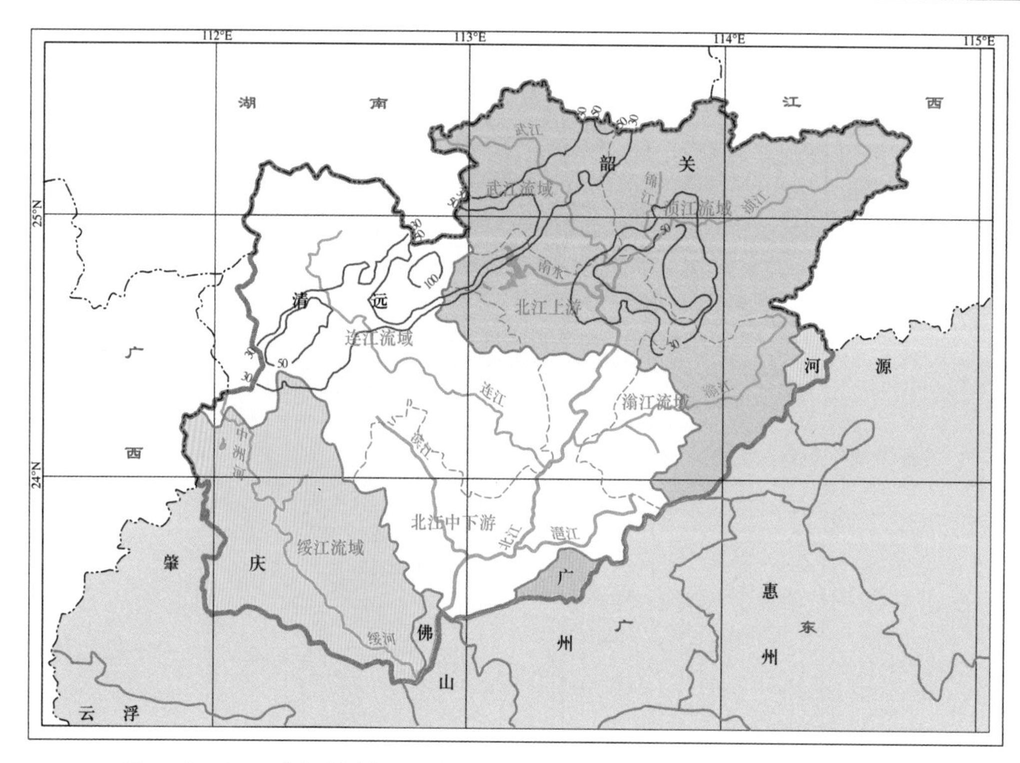

图 3.2-23 北江流域 19 日 20：00 至 20 日 8：00 降水量等值线图

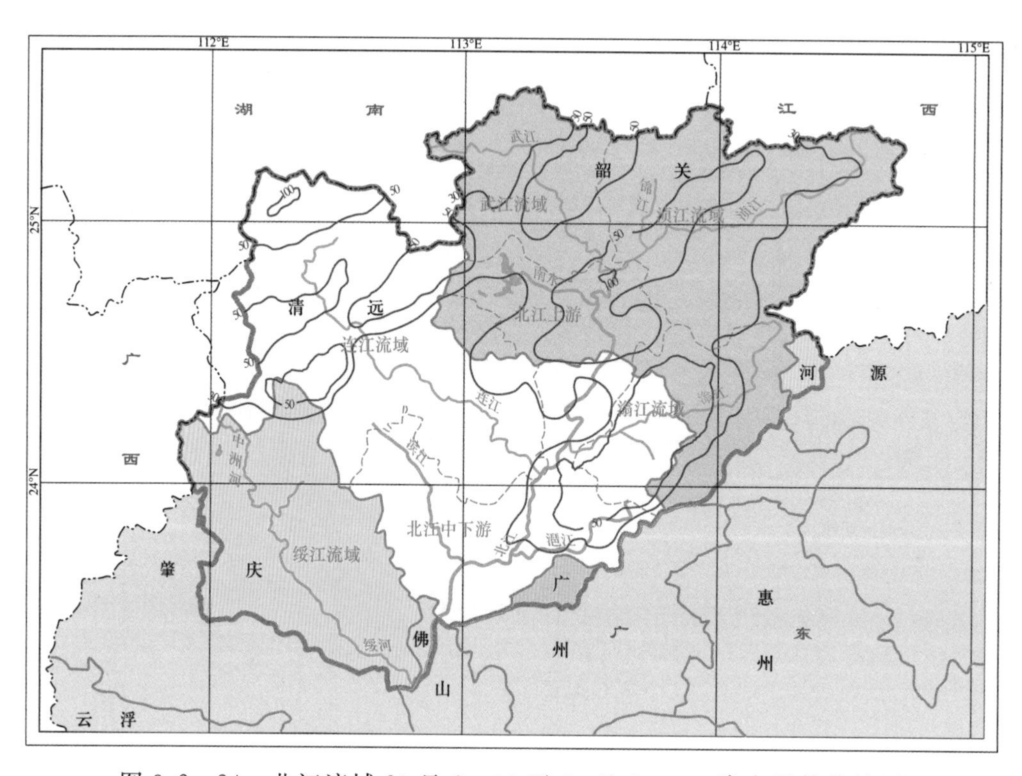

图 3.2-24 北江流域 20 日 8：00 至 20 日 20：00 降水量等值线图

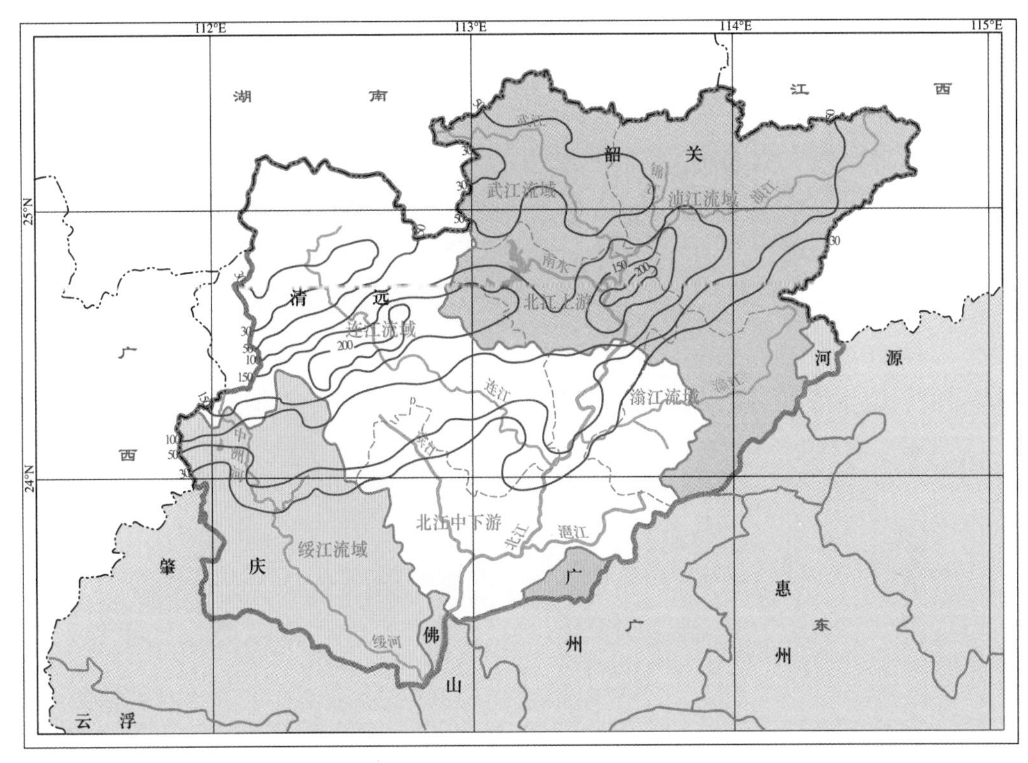

图 3.2-25 北江流域 20 日 20：00 至 21 日 8：00 降水量等值线图

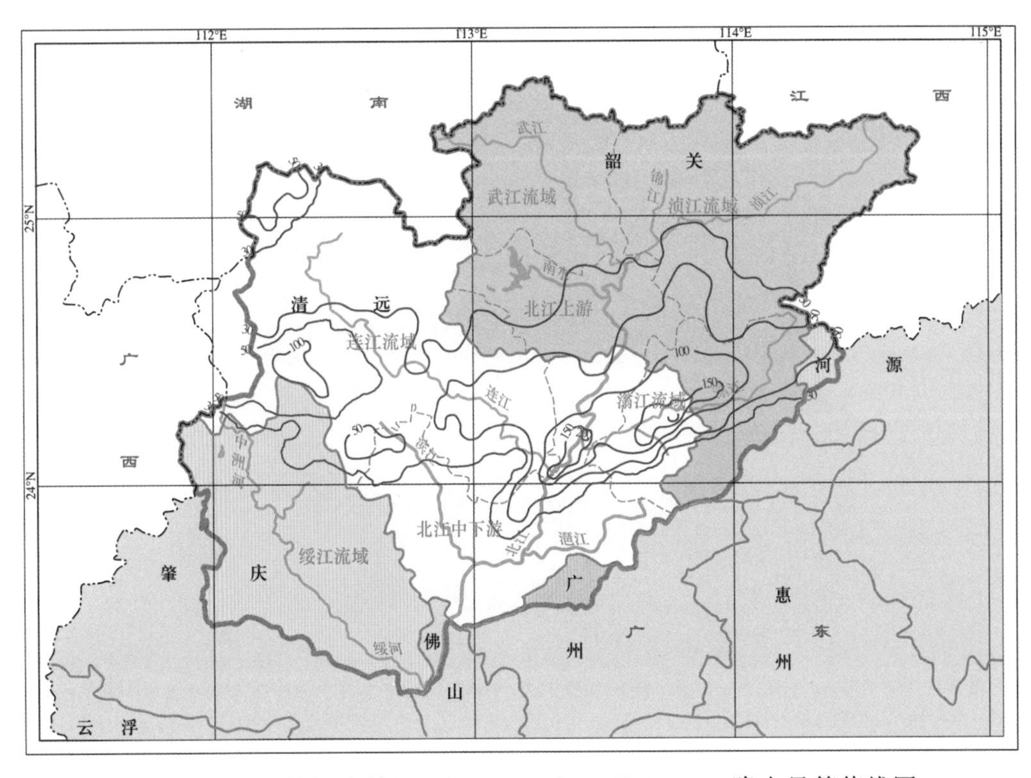

图 3.2-26 北江流域 21 日 8：00 至 21 日 20：00 降水量等值线图

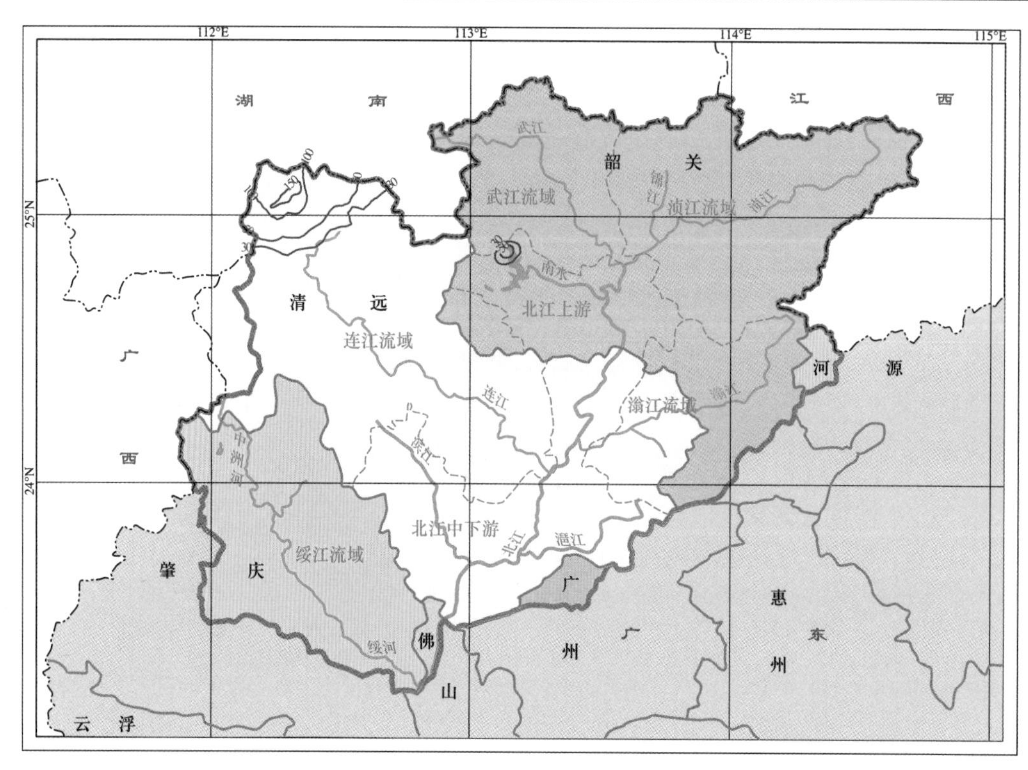

图 3.2-27 北江流域21日20：00至22日8：00降水量等值线图

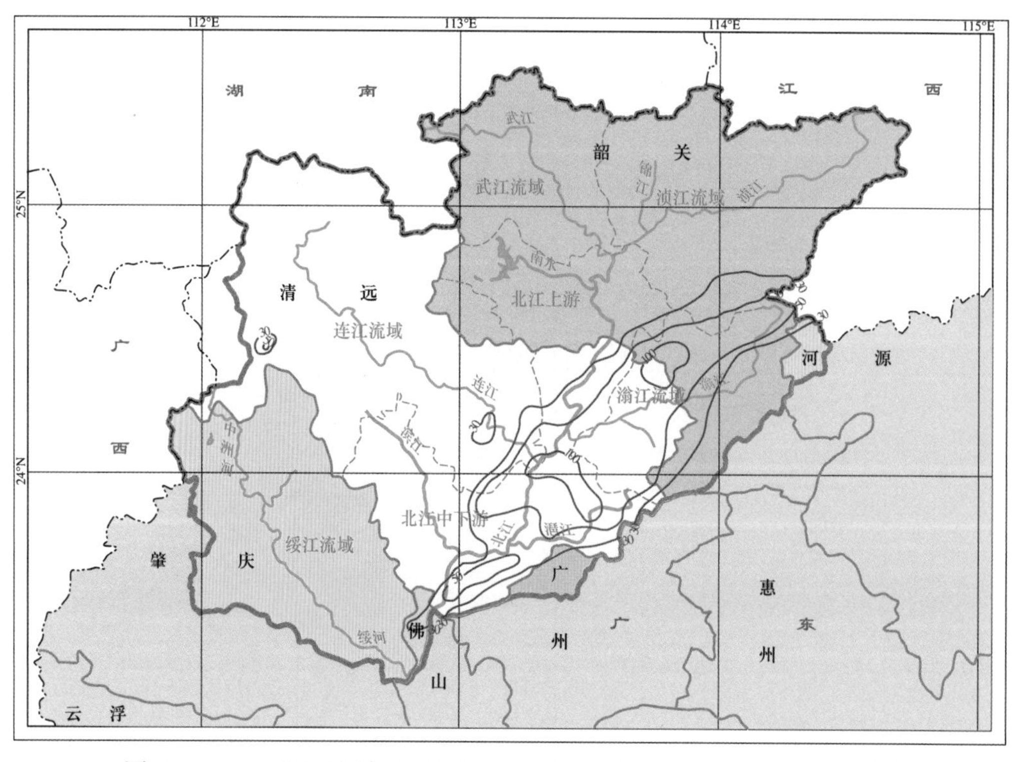

图 3.2-28 北江流域18日2：00至18日8：00降水量等值线图

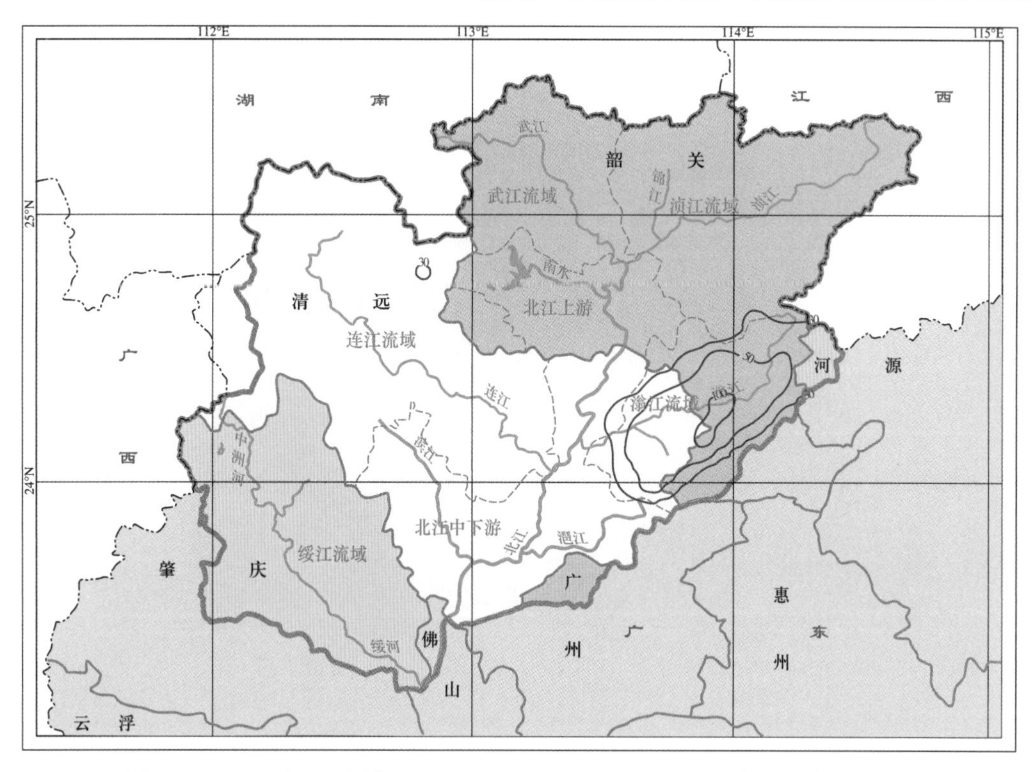

图 3.2-29　北江流域 18 日 8：00 至 18 日 14：00 降水量等值线图

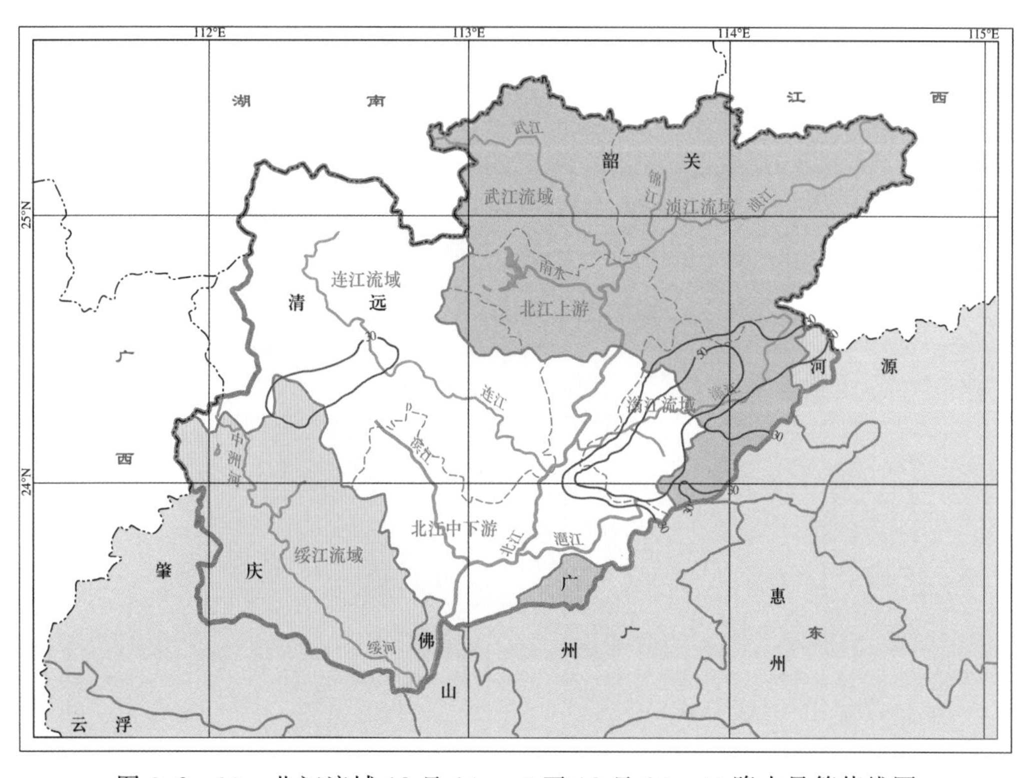

图 3.2-30　北江流域 18 日 14：00 至 18 日 20：00 降水量等值线图

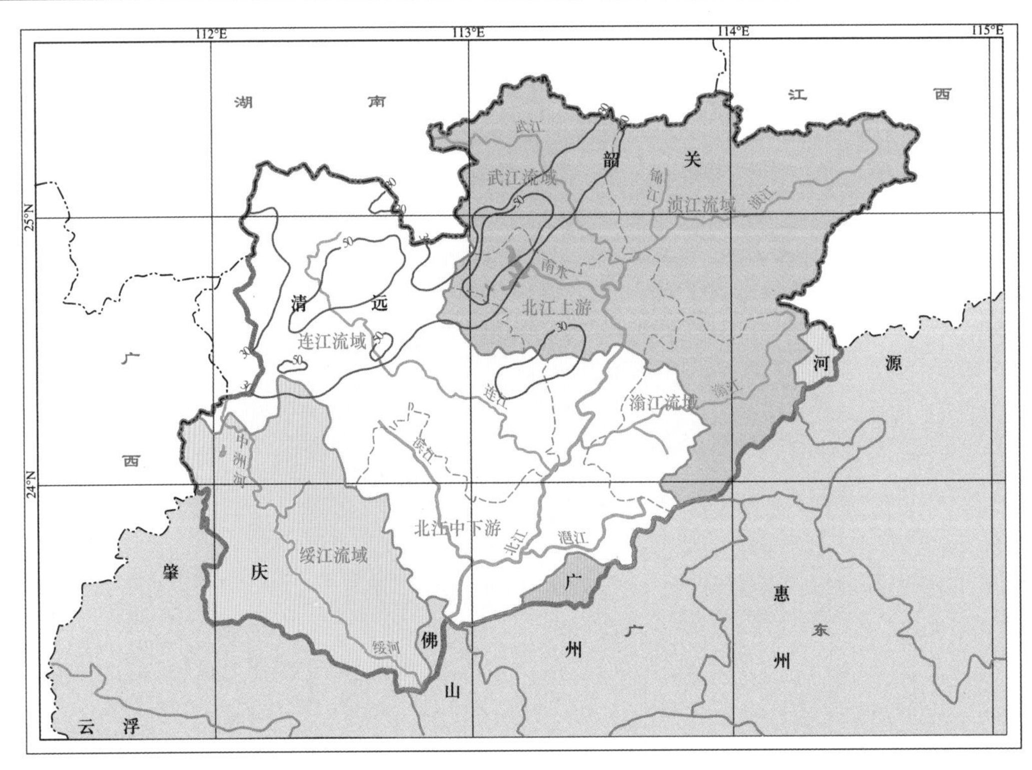

图 3.2-31 北江流域18日20：00至19日2：00降水量等值线图

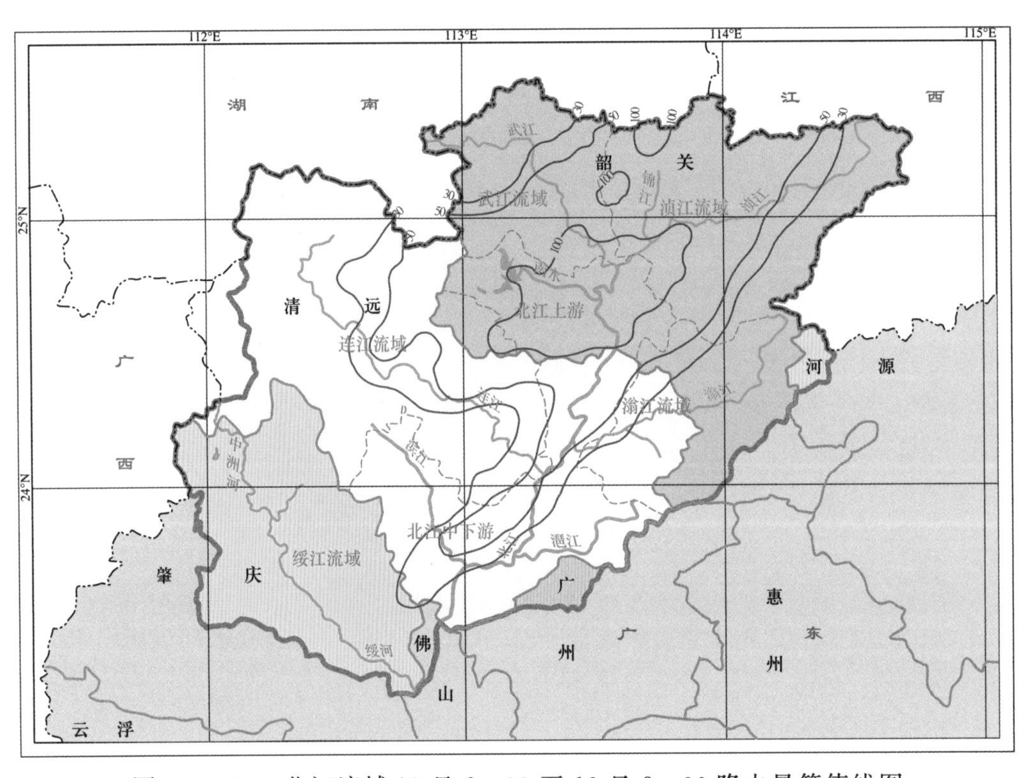

图 3.2-32 北江流域19日2：00至19日8：00降水量等值线图

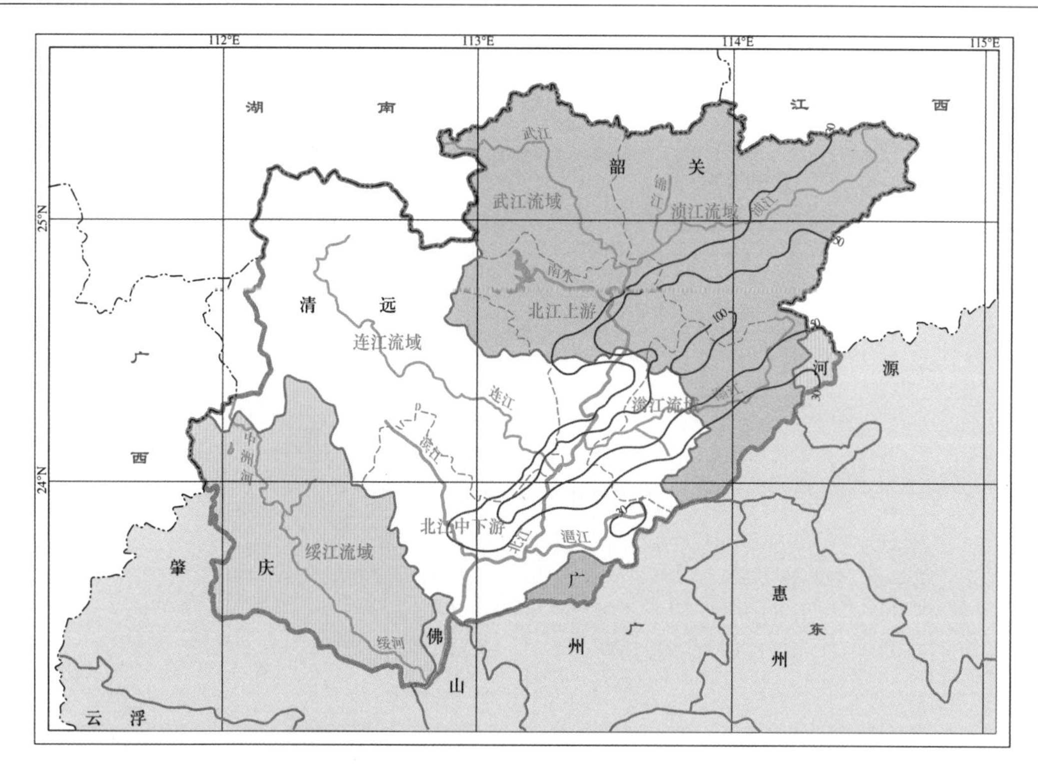

图 3.2-33　北江流域 19 日 8：00 至 19 日 14：00 降水量等值线图

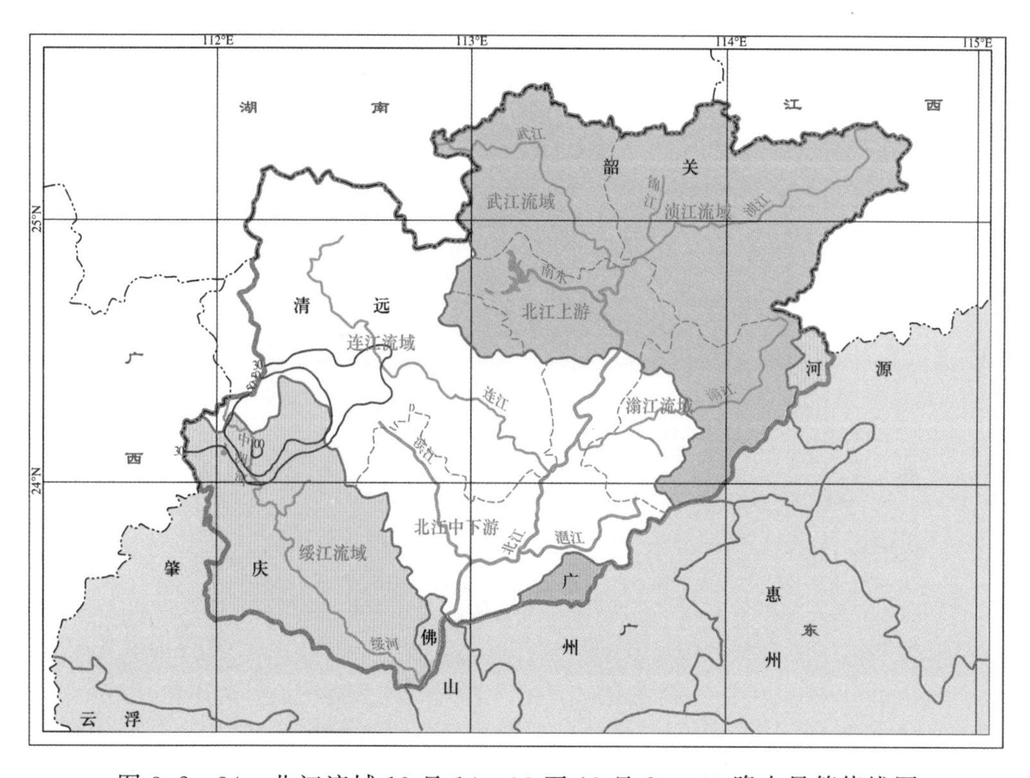

图 3.2-34　北江流域 19 日 14：00 至 19 日 20：00 降水量等值线图

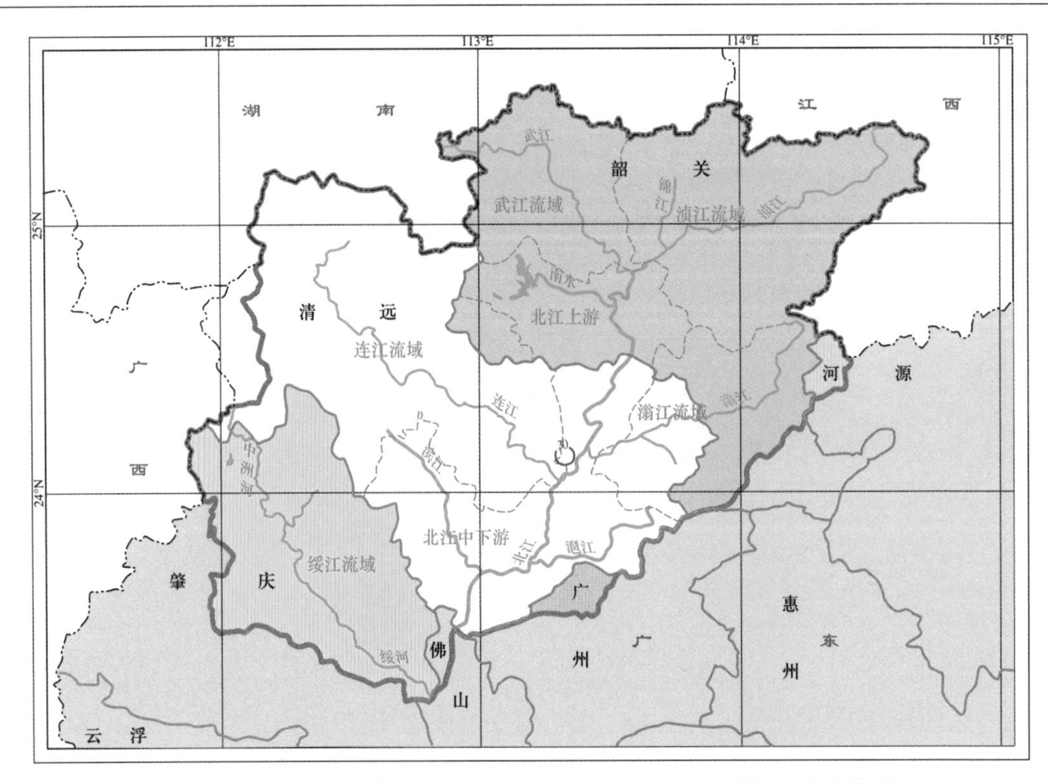

图 3.2-35 北江流域 19 日 20:00 至 20 日 2:00 降水量等值线图

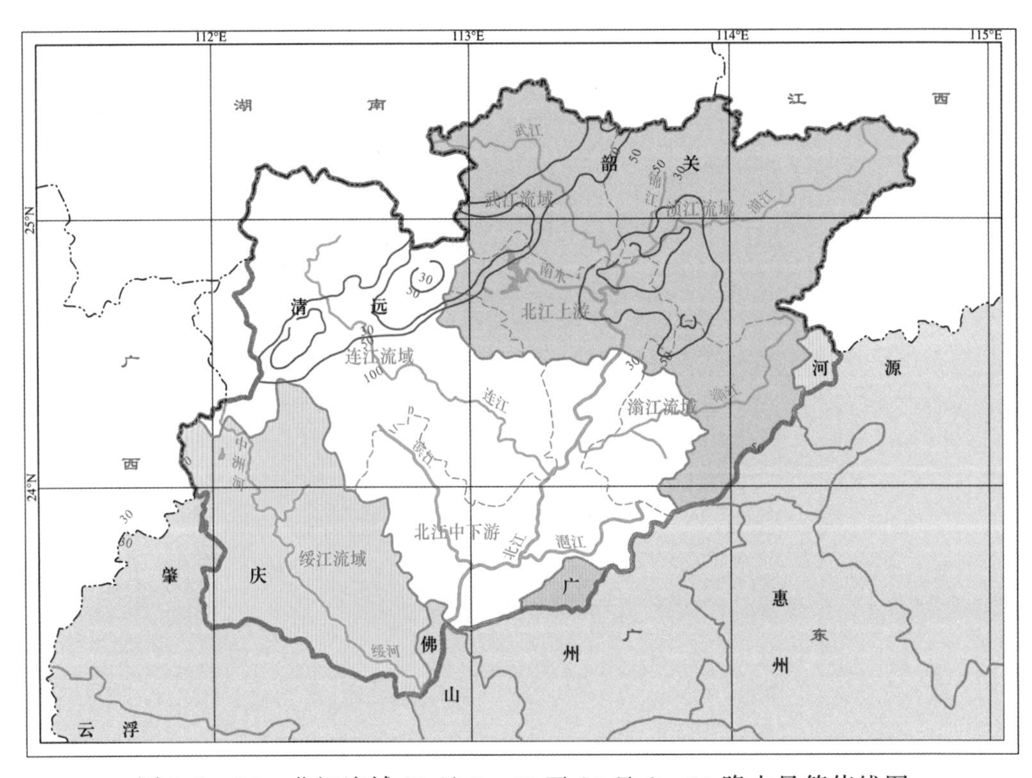

图 3.2-36 北江流域 20 日 2:00 至 20 日 8:00 降水量等值线图

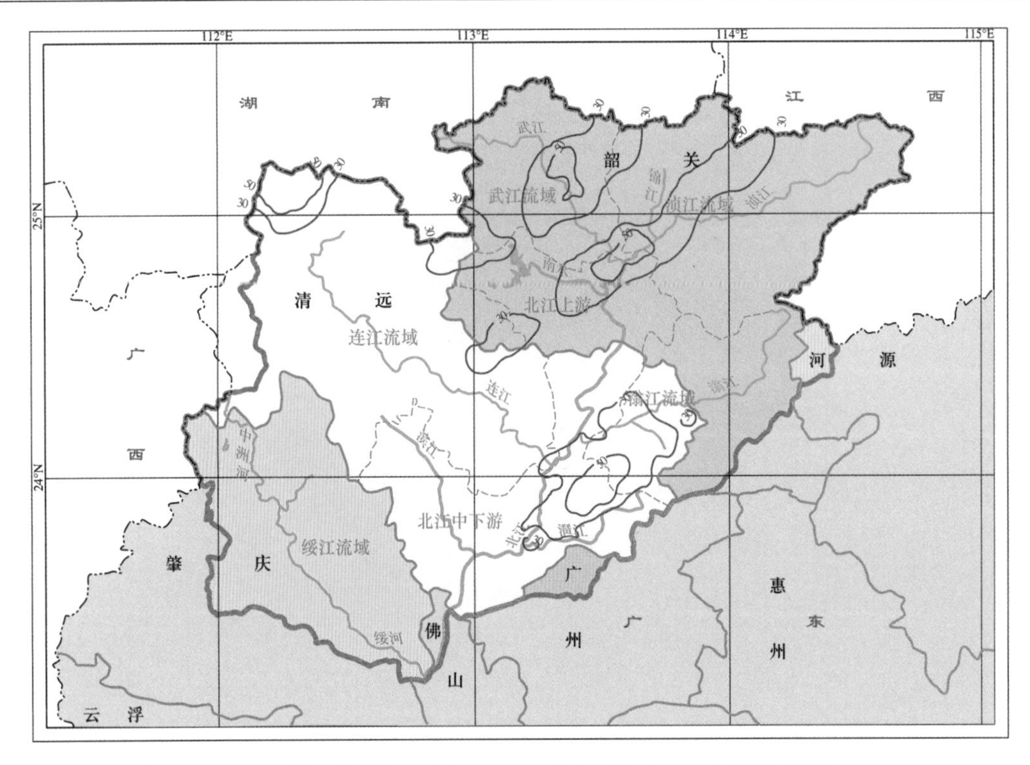

图 3.2-37 北江流域 20 日 8：00 至 20 日 14：00 降水量等值线图

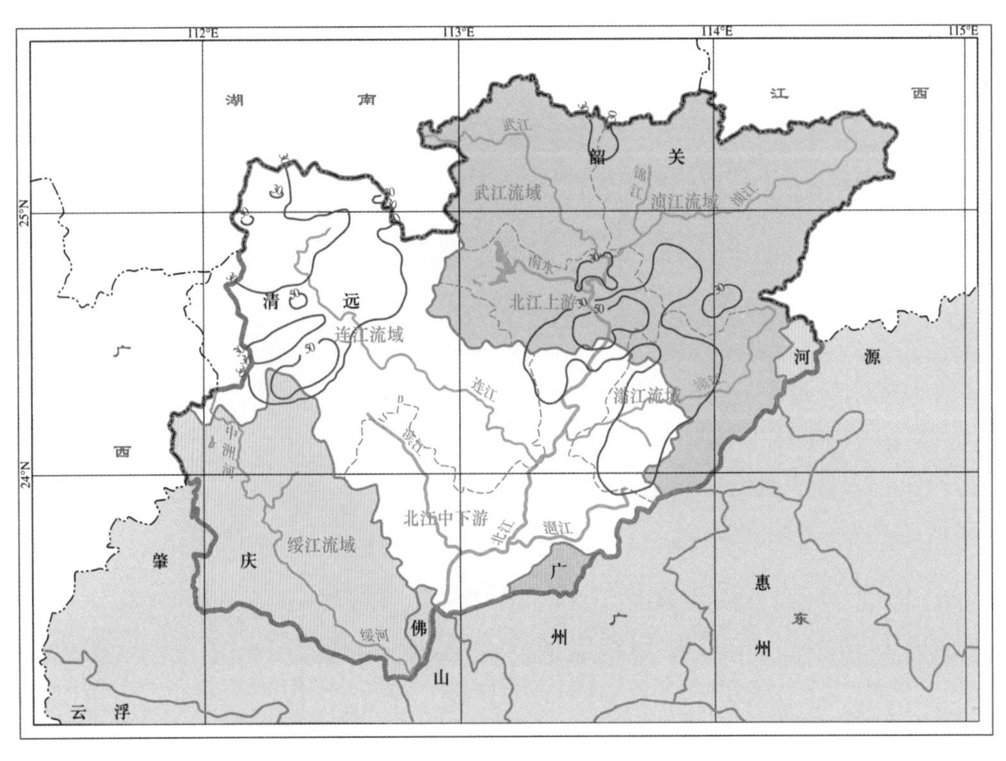

图 3.2-38 北江流域 20 日 14：00 至 20 日 20：00 降水量等值线图

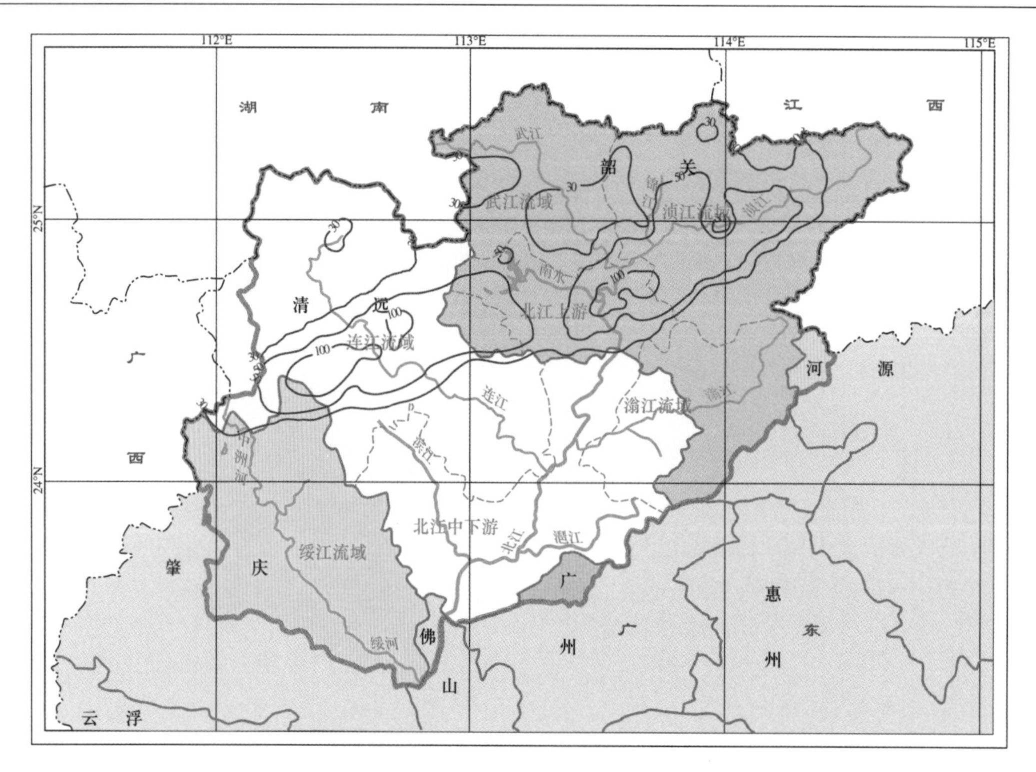

图 3.2-39 北江流域20日20：00至21日2：00降水量等值线图

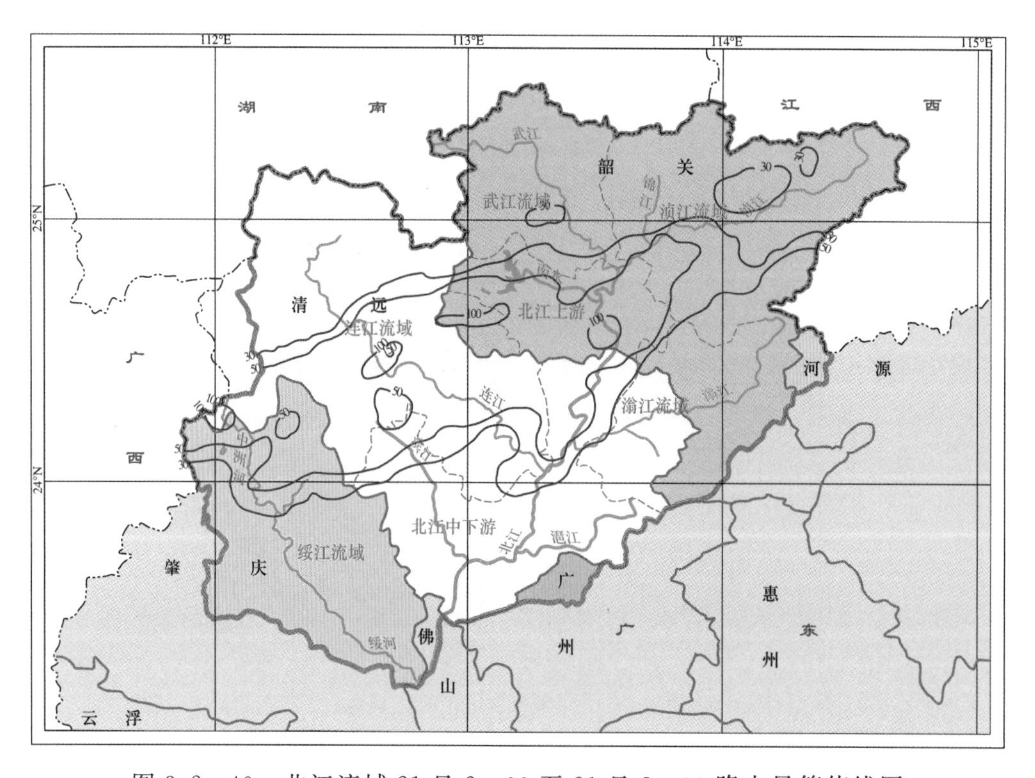

图 3.2-40 北江流域21日2：00至21日8：00降水量等值线图

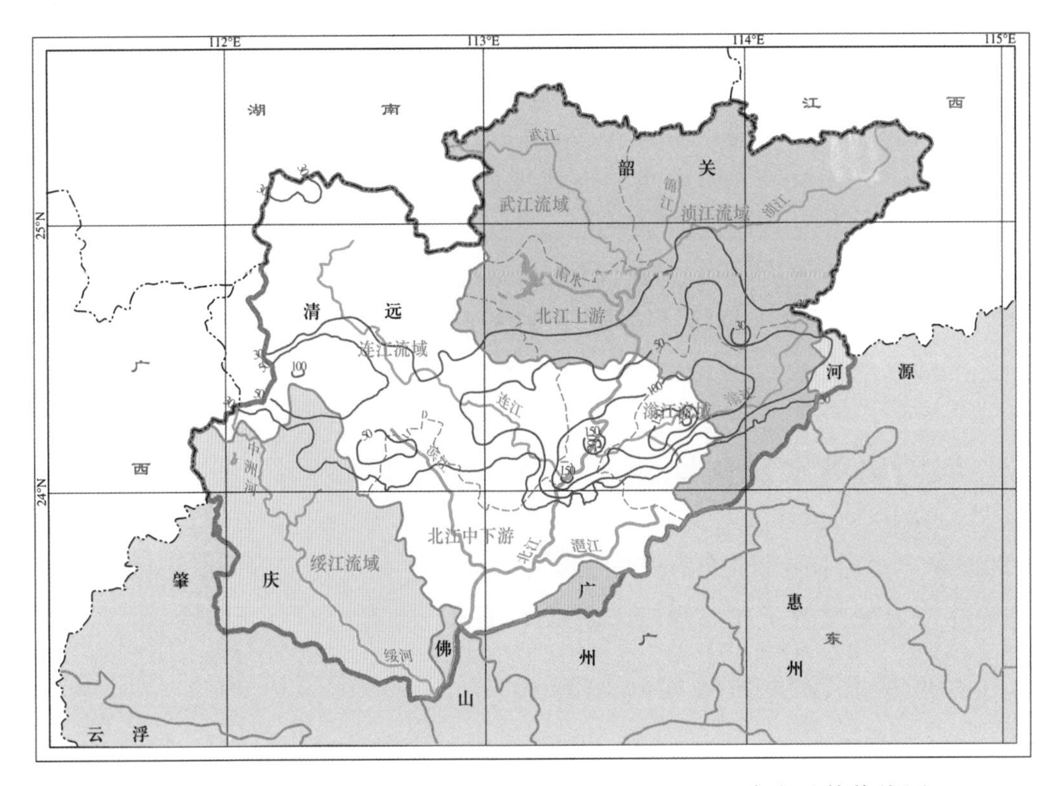

图 3.2-41　北江流域 21 日 8：00 至 21 日 14：00 降水量等值线图

3.2.4　暴雨特点

“22·6”北江洪水的暴雨具有前期影响雨量大、持续时间长、暴雨强度大、范围集中、追峰雨效应明显等特点，分述如下：

(1) 前期影响雨量大。6 月 1—15 日，北江流域持续发生强降水，最小面平均日雨量为 16.2mm，最大面平均日雨量为 63.4mm，累积雨量达 386mm。前期持续性强降水抬高江河底水，叠加 6 月 16—21 日历时 6d 的强降水，导致北江流域出现超 100 年一遇的特大洪水。

(2) 持续时间长，累积雨量大。从 6 月 16 日 8：00 至 22 日 8：00，北江流域平均降水量为 294mm，强降水持续时间长达 6d。累积雨量大于 500mm 的站点有 80 个、占全部站点的 15%，大于 300mm 的站点有 246 个、占全部站点的 46%。

(3) 暴雨强度大。“22·6”北江洪水的暴雨强度大，最大 24h 降水田湖水库站 373mm、超 100 年一遇；最大 6h 降水中英德站 267.5mm、超 100 年一遇；最大 3h 降水中，鱼湾站 190mm、超 100 年一遇；最大 1h 降水中，鱼湾站 126.5mm、超 100 年一遇。

（4）范围集中。强降水主要集中于干流飞来峡水利枢纽坝址断面以上区域，主要为韶关市至清远市飞来峡坝址之间的北江干流、北江上游浈江的下游地区、北江支流连江大部、滃江大部、武江下游地区。各支流下游地区的降水比中上游大。北江流域飞来峡水利枢纽坝址断面以下干流的降水相对较小，滨江、湟江、绥江等支流的降水都较小。

（5）降水叠加效应明显。18日和20日的降水强度及范围大，20日降水量最大。21日暴雨区位于滃江下游及飞来峡库区，与上游洪峰相叠加，进一步的推高了洪水的洪峰。

3.3 与历史洪水暴雨比较

“22·6”“1915·7”“82·5”“94·6”“06·7”“13·8”洪水的暴雨过程均造成北江流域发生了大洪水以上量级的洪水，对比分析如下。

3.3.1 形成暴雨的天气系统不尽相同

“1915·7”洪水的天气系统是静止锋和低压槽。从1915年6月中下旬开始，华南地区经常处于低压或低压槽的控制之中，静止锋一直稳定维持，鄂霍次克海阻塞形势的存在，使天气系统的移动变缓或停滞，导致贝加尔湖以南的冷空气频繁南下，强劲的西南气流把大量暖湿的不稳定空气源源不断地输入暴雨区上空。

“82·5”洪水的天气系统主要是西风槽、冷锋和低空气流。500hPa天气图上，广东省北方地区上空为一宽广槽区，西风带较为平直，槽线位于巴湖附近，西亚一带经向度加大，横槽转竖，导致并加强了冷空气向东南爆发。青藏高原西侧低压与印度上空南支槽合并，形成西南风急流，大量暖湿空气输入大陆。广东沿海为副高控制，当副高进一步加强西伸时，迫使西北侧暖湿气流辐合上升。上述环流形势下，中低纬度西风槽在高原东部叠加，并在广东北部缓慢东移，其后冷锋移过北江流域，导致暴雨。

“94·6”洪水的天气系统主要是冷锋移入岭南一带，与南来的暖湿气流遭遇，形成静止锋。由于弱冷空气的不断补充，使静止锋维持。西、北江流域呈锋面低槽形势，“94·6”洪水除受静止锋低槽这一主要天气系统影响外，前汛期暴雨的其他西风带天气系统也纷纷叠加进来，进一步增大暴雨的范围、强度和历时。

“06·7”洪水的天气系统是由于台风“碧利斯”与北方小股冷空气对副高

的削弱作用，使副高伸向大陆的部分减弱、东退。“碧利斯”减弱成热带低压后，没有了内力的作用，低压带内副高西侧的西南气流与北方小股冷空气的共同作用，使广东及湖南、福建南部连降暴雨。

“13·8”洪水的天气系统是由于2013年第11号超强台风“尤特”和西南季风的共同影响。

“22·6”北江洪水的天气系统是500hPa华南上空有南支槽发展东移，中低层长江中下游地区维持一条东西向切变线，广东省处于切变线以南暖区中，有强盛的西南低空急流维持水汽输送，造成了广东省持续性的强降水过程。

3.3.2 降水历时普遍较长

从北江流域典型洪水来看，发生大洪水的暴雨降水历时普遍较长。“1915·7”历时约10d，“06·7”历时约4d，“94·6”历时约10d，“13·8”历时约7d，“82·5”历时约6d。除“82·5”“06·7”历时较短外，其余历时均在7d以上。“22·6”降水历时约6d，但前期已发生两轮强降水过程并出现一次编号洪水，累计降水历时长达21d。

3.3.3 暴雨中心位置不同

“22·6”北江洪水的主要暴雨中心位于北江干流中上游、连江中游及滃江中下游地区；“1915·7”洪水为珠江流域性降水；“82·5”洪水的暴雨中心相对更靠近北江下游地区，降水中心在清远一带，“06·7”洪水北江流域暴雨中心在武江流域；“94·6”洪水为珠江流域性降水，暴雨中心在绥江、连江上游一带；“13·8”洪水的暴雨中心在连江、绥江上游一带。

3.3.4 暴雨强度不同

由于形成几场暴雨的天气系统和降水历时不尽相同，几场暴雨中北江流域内点暴雨强度也不同。其中，“22·6”北江洪水最大6h点雨量为267.5mm（英德站），“82·5”洪水最大6h点雨量为532.7mm（清远站），“06·7”洪水最大6h点雨量为228mm（两江口站），“94·6”洪水最大6h点雨量192.4mm（鲁溪站），“13·8”洪水最大6h点雨量202.5mm（坝美站）。

第4章　洪水分析

4.1　洪水过程

“22·6”北江洪水期间，英德站、阳山站、青莲站、新韶站及飞来峡站水位超历史实测最大值，新韶站、高道站及飞来峡站均出现超100年一遇洪峰流量。22日5：15，飞来峡站实测最大洪峰流为20600m^3/s（100年一遇为19200m^3/s），22日10：15，干流石角站实测最大洪峰流量为19500m^3/s（100年一遇为19900m^3/s）。北江各干支流主要水文站洪水要素见表4.1-1。

表4.1-1　“22·6”北江洪水各干支流主要水文站洪水要素统计

河名	站名	起涨水位		最高水位		最大流量		水位涨幅/m	涨水历时/h
		时间/(日 时：分)	水位/m	时间/(日 时：分)	水位/m	时间/(日 时：分)	流量/(m^3/s)		
武江	坪石	19 00：00	150.19	21 15：00	156.60	21 10：20	1930	6.41	63
武江	犁市	/	/	/	/	19 11：40	3510	/	/
浈江	新韶	18 8：00	53.31	21 16：00	59.56	21 14：55	6350	3.25	80
连江	连县	20 0：00	87.99	22 18：00	93.10	/	/	5.11	66
连江	阳山	18 19：00	59.35	21 18：00	65.17	/	/	5.82	122
连江	高道	18 22：00	25.27	23 0：00	33.37	22 20：10	8530	8.10	98
滃江	大庙峡	18 6：00	46.03	18 11：00	49.62	18 10：40	886	3.59	5
滨江	珠坑	20 23：00	19.74	21 20：00	21.95	21 19：45	776	2.21	21
滃江	滃江	17 12：00	96.70	18 22：00	101.49	18 20：20	2350	4.79	34
滃江	长湖(坝下)	17 22：00	27.30	22 8：25	36.22	18 22：00	4770	8.92	105
绥江	四会	19 6：00	7.87	22 10：35	10.74	22 10：10	2620	2.87	77
北江	韶关	18 13：25	52.72	21 15：25	56.14	/	/	3.42	74
北江	英德	17 22：45	24.72	22 12：35	35.97	/	/	11.25	110
北江	飞来峡	18 6：00	16.10	22 6：00	22.88	22 5：15	20600	6.78	96
北江	清远	18 6：00	10.53	22 8：00	14.65	/	/	4.12	98

续表

河名	站名	起涨水位		最高水位		最大流量		水位涨幅/m	涨水历时/h
		时间/(日 时:分)	水位/m	时间/(日 时:分)	水位/m	时间/(日 时:分)	流量/(m^3/s)		
北江	石角	18 9:00	8.20	22 10:40	12.24	22 10:15	19500	4.04	98
北江	芦苞	18 10:00	7.19	22 14:00	10.09	/	/	2.90	100
西江	高要	18 8:00	8.72	23 20:00	10.27	24 1:00	38600	1.55	132
北江干流水道	三水	18 11:00	6.29	22 22:00	8.14	22 22:20	15500	1.85	107
西江干流水道	马口	18 12:00	6.15	23 23:00	7.69	23 21:00	44700	1.54	131

4.1.1 干流洪水

北江上游浈江新韶站洪水是一次双峰洪水过程，18 日 8：00 起涨，起涨水位 53.31m，19 日 23：00 出现第一个洪峰，水位为 58.17m；20 日 13：00 水位退至 56.61m 后复涨，21 日 16：00 达到最高洪峰水位 59.56m；涨水历时 80h，水位涨幅 3.25m，洪峰流量为 6350m^3/s，100 年一遇（6260m^3/s）。水位-流量过程线如图 4.1-1 所示。

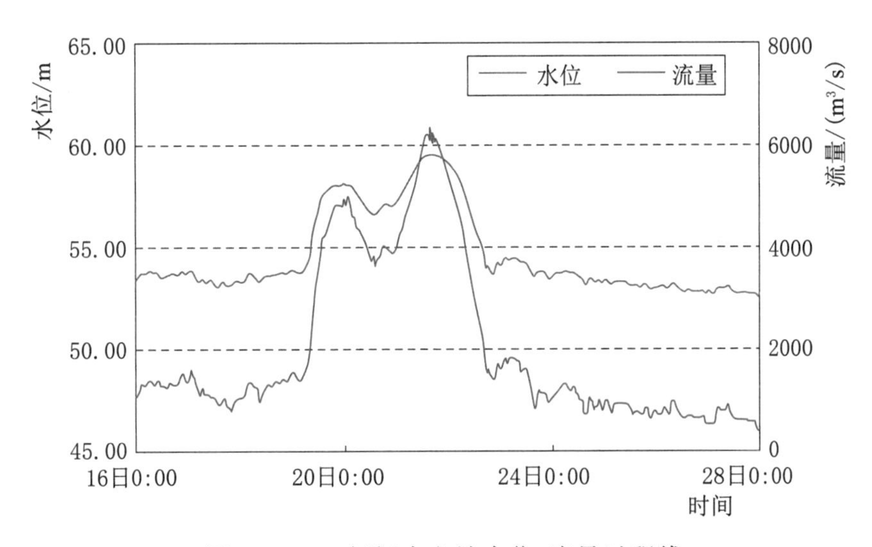

图 4.1-1 新韶水文站水位-流量过程线

北江干流韶关站洪水是一次多峰洪水过程，18 日 13：25 起涨，起涨水位 52.72m，19 日 16：30 出现第一个洪峰，水位为 54.77m；20 日 3：00 退至

53.46m后复涨，20日6：55出现第二个洪峰，水位为54.07m；20日13：00退至53.42m后再次复涨，21日15：25达到最高洪峰水位56.14m，涨水历时74h，水位涨幅3.42m。水位过程线如图4.1-2所示。

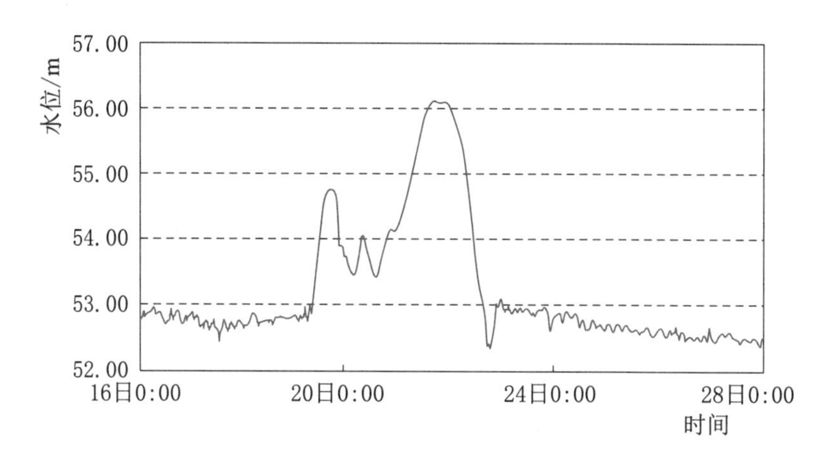

图4.1-2 韶关水文站水位过程线

北江干流中游英德站洪水过程是一次单峰的洪水过程，17日22：45起涨，起涨水位24.72m，22日12：35达到最高洪峰水位35.97m，涨水历时109h 50min，水位涨幅11.25m。水位过程线如图4.1-3所示。

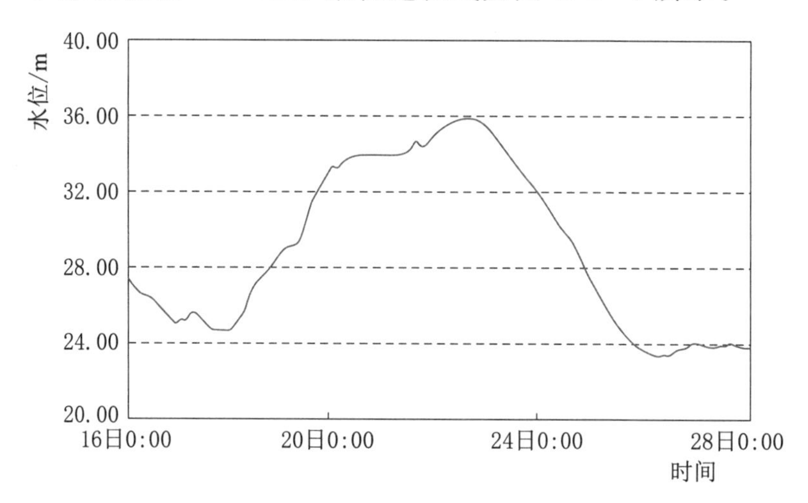

图4.1-3 英德水文站水位过程线

北江干流飞来峡站洪水是一次单峰的洪水过程，18日6：00起涨，起涨水位16.10m，22日6：00达到最高洪峰水位22.88m，涨水历时96h，水位涨幅6.78m，最大洪峰流量为20600m^3/s，超100年一遇（19200m^3/s）。水位-流量过程线如图4.1-4所示。

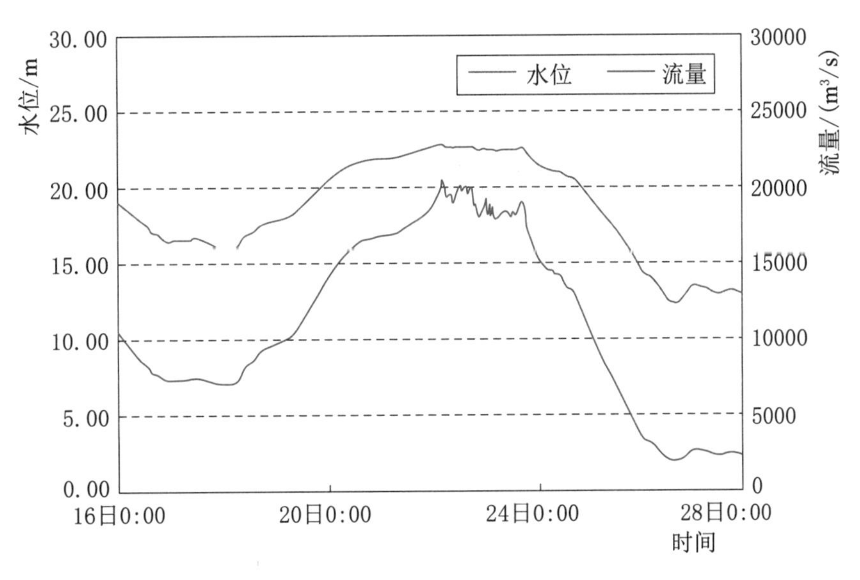

图 4.1-4 飞来峡水文站水位-流量过程线

北江干流清远站洪水是一次单峰的洪水过程，18 日 6：00 起涨，起涨水位 10.53m，22 日 8：00 达到最高洪峰水位 14.65m，涨水历时 98h，水位涨幅 4.12m。水位过程线如图 4.1-5 所示。

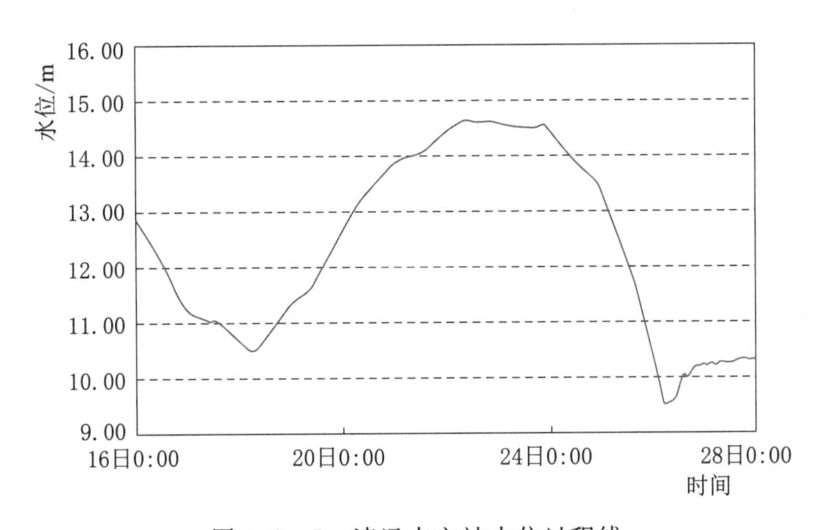

图 4.1-5 清远水文站水位过程线

北江干流下游石角站洪水是一次单峰的洪水过程，18 日 9：00 起涨，起涨水位 8.2m，22 日 10：40 达到最高洪峰水位 12.24m，涨水历时 98h，水位涨幅 4.04m，最大洪峰流量 19500m^3/s，接近 100 年一遇（19900m^3/s）。水位-流量过程线如图 4.1-6 所示。

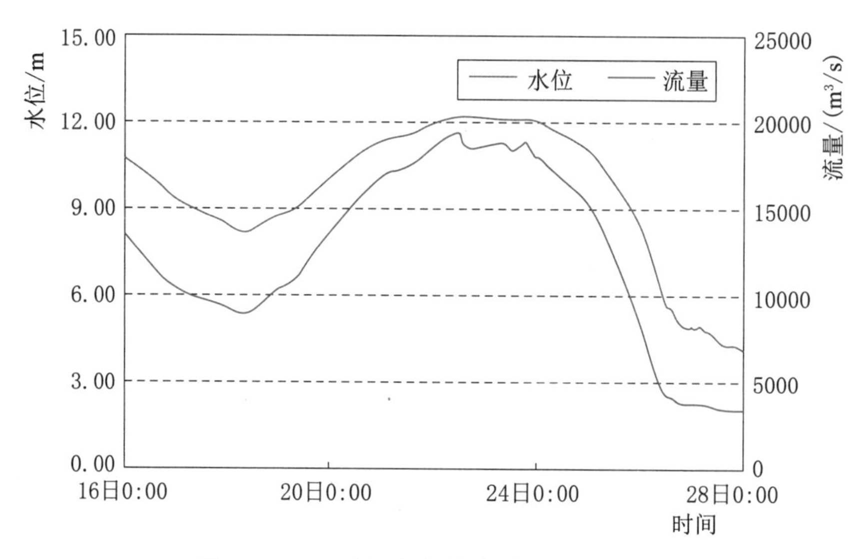

图 4.1-6 石角水文站水位-流量过程线

4.1.2 支流洪水

北江支流武江坪石站洪水是一次多峰洪水过程，坪石站 19 日 0：00 起涨，起涨水位 150.19m，19 日 16：00 出现第一个洪峰，水位为 153.2m；20 日 10：00 退至 151.69m 后复涨，21 日 15：00 达到最高洪峰水位 156.59m，涨水历时 63h，水位涨幅 6.4m，最大洪峰流量为 1930m^3/s；22 日 10：00 退至 154.51m 后再次复涨，22 日 23：00 出现第三个洪峰，水位为 155.36m。水位-流量过程线如图 4.1-7 所示。

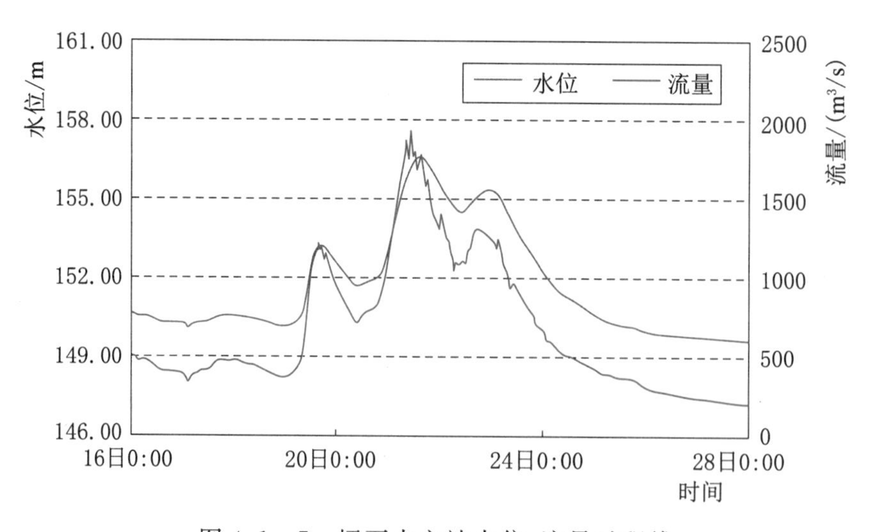

图 4.1-7 坪石水文站水位-流量过程线

支流武江下游犁市水文站由于受上下游水利工程调度的影响，水位涨落过程不明显，从流量过程看，洪水过程为多峰型，于6月18日0：00起涨，起涨流量为651m^3/s，19日11：00出现第一次洪峰，流量为3510m^3/s，相应水位60.11m；20日0：45流量退至914m^3/s后复涨，22日1：10出现第二次洪峰，流量为3350m^3/s，相应水位60.21m。水位-流量过程线如图4.1-8所示。

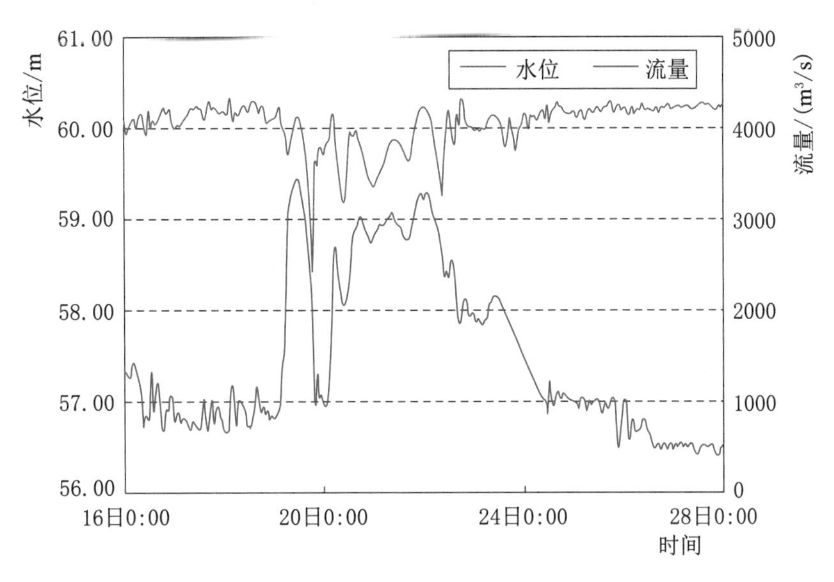

图4.1-8 犁市水文站水位-流量过程线

北江支流连江连县站洪水是一次双峰洪水过程，20日0：00起涨，起涨水位87.99m，21日8：00出现第一个洪峰，水位为92.54m；22日7：00退至89.91m后复涨，22日18：00达到最高洪峰水位93.10m，涨水历时66h，水位涨幅5.11m。水位过程线如图4.1-9所示。

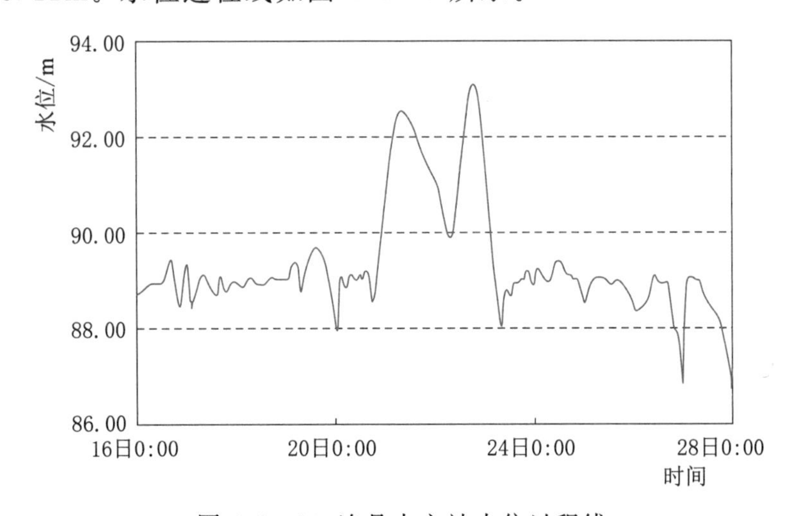

图4.1-9 连县水文站水位过程线

北江支流连江阳山站洪水是一次双峰洪水过程，阳山站 18 日 19：00 起涨，起涨水位 59.35m，19 日 16：00 出现第一个洪峰，水位为 61.98m；20 日 8：00 退至 60.83m 后复涨，21 日 18：00 达到最高洪峰水位 65.17m，涨水历时 122h，水位涨幅 5.82m。水位过程线如图 4.1－10 所示。

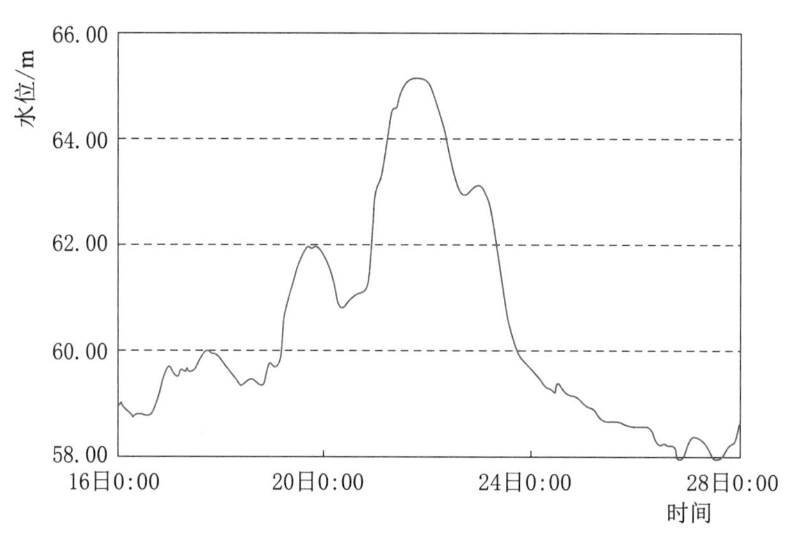

图 4.1－10 阳山水文站水位过程线

北江支流连江高道站洪水是一次双峰洪水过程，高道站 18 日 22：00 起涨，起涨水位 25.27m，20 日 12：00 出现第一个洪峰，水位为 30.42m；20 日 23：00 退至 30.33m 后复涨，23 日 0：00 达到最高洪峰水位 33.37m，涨水历时 98h，水位涨幅 8.10m，最大洪峰流量为 8530m^3/s。水位-流量过程线如图 4.1－11 所示。

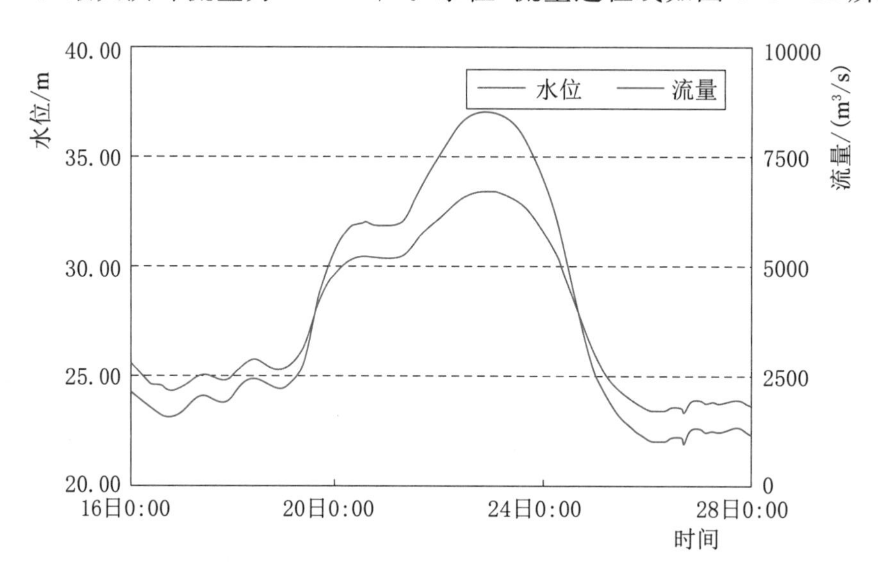

图 4.1－11 高道水文站水位-流量过程线

北江支流滨江珠坑站洪水是一次双峰洪水过程，珠坑站 20 日 23：00 起涨，起涨水位 19.74m，21 日 20：00 达到最高洪峰水位 21.95m，涨水历时 21h，水位涨幅 2.21m，最大洪峰流量为 776m^3/s。水位-流量过程线如图 4.1-12 所示。

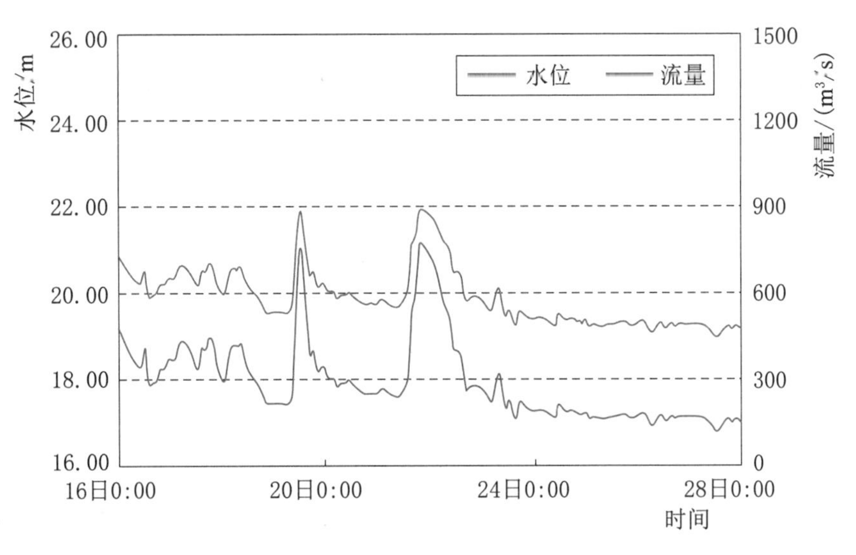

图 4.1-12 珠坑水文站水位-流量过程线

北江支流绥江四会站洪水是一次单峰洪水过程，四会站 19 日 6：00 起涨，起涨水位 7.87m，22 日 10：35 达到最高洪峰水位 10.74m，涨水历时 76h 35min，水位涨幅 2.87m，最大洪峰流量为 2620m^3/s。水位-流量过程线如图 4.1-13 所示。

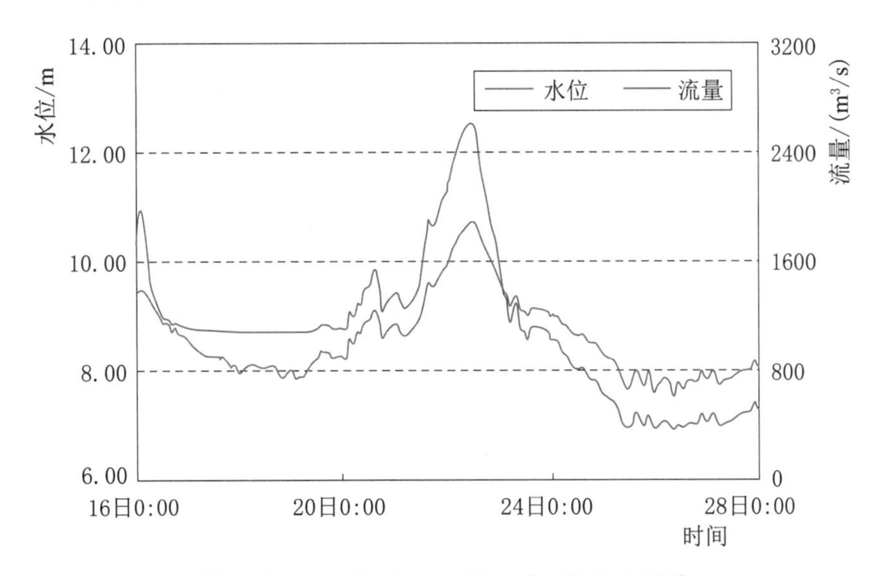

图 4.1-13 四会水文站水位-流量过程线

北江支流滃江滃江站洪水是一次多峰洪水过程，17 日 12：00 起涨，起涨水位 96.70m，18 日 22：00 达到最高洪峰水位 101.49m，涨水历时 34h，水位涨幅 4.79m，最大洪峰流量为 2350m³/s；19 日 13：00 退至 98.52m 后复涨，19 日 20：00 出现第二个洪峰，水位为 99.27m；21 日 10：00 退至 97.0m 后再次复涨，21 日 19：15 出现第三个洪峰，水位为 99.34m。水位-流量线过程如图 4.1－14 所示。

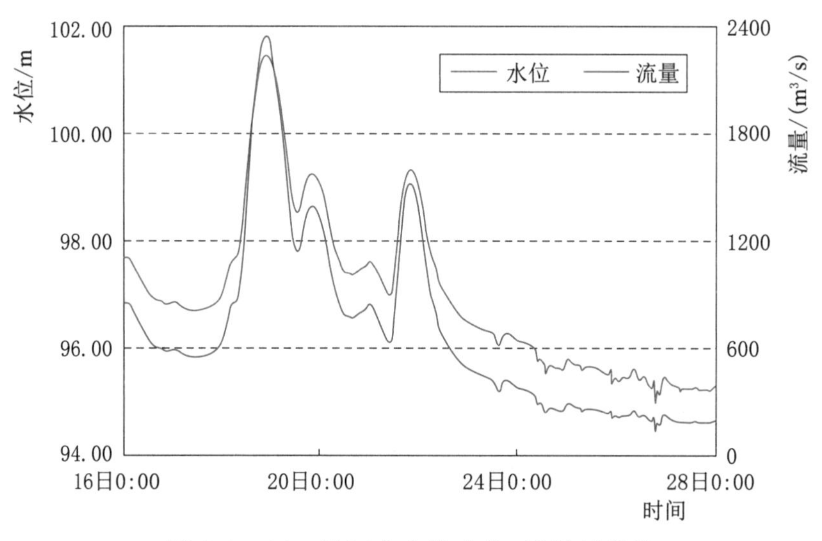

图 4.1－14　滃江水文站水位-流量过程线

北江支流滃江长湖水库（坝下二）站洪水是一次单峰洪水过程，长湖水库（坝下二）水文站 17 日 22：00 起涨，起涨水位 27.30m，22 日 8：25 达到最高洪峰水位 36.22m，涨水历时 105h，水位涨幅 8.92m，18 日 22：00 出现最大洪峰流量 4770m³/s。水位-流量过程线如图 4.1－15 所示。

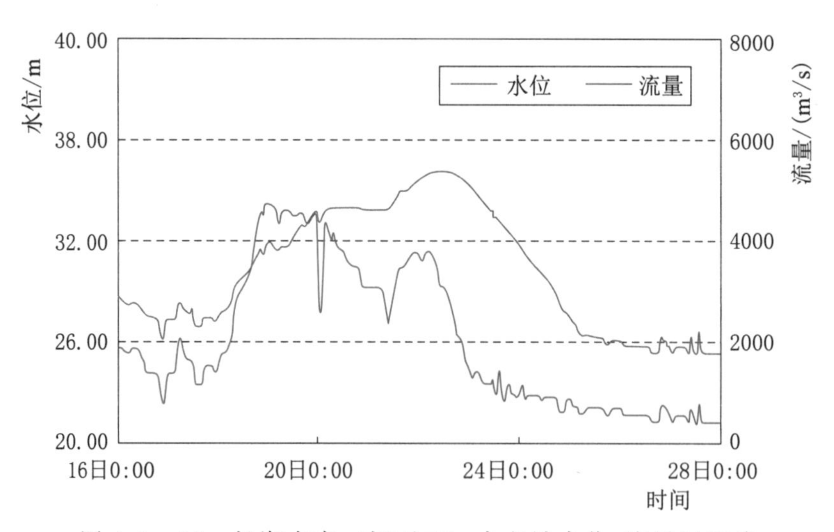

图 4.1－15　长湖水库（坝下二）水文站水位-流量过程线

北江支流滃江大庙峡站洪水是一次多峰洪水过程，18 日 6：00 起涨，起涨水位 46.03m，18 日 11：00 达到最高洪峰水位 49.62m，涨水历时 5h，水位涨幅 3.59m，最大洪峰流量为 886m³/s。水位-流量过程线如图 4.1－16 所示。

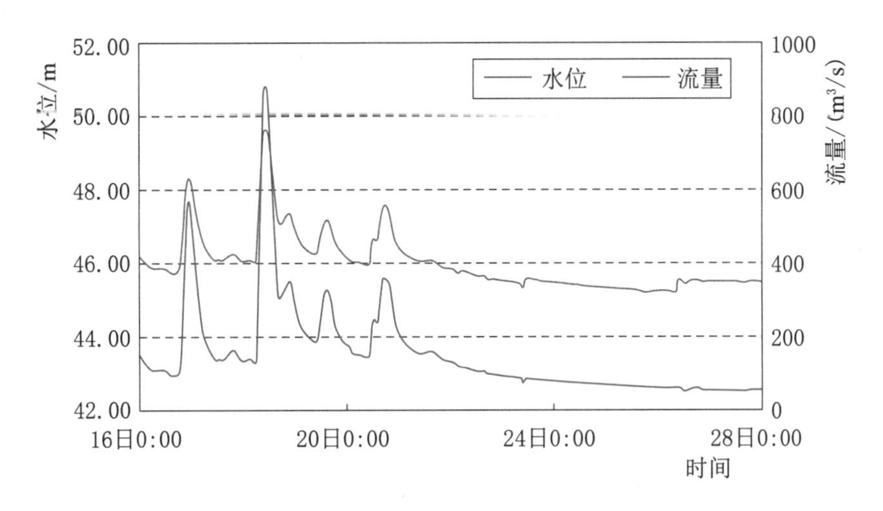

图 4.1－16　大庙峡水文站水位-流量过程线

4.1.3　西江及三角洲同期洪水

西江下游高要站洪水是一次双峰型洪水过程，12 日 0：00 起涨，起涨水位 6.23m，15 日 20：00 出现洪峰水位 10.40m，洪峰流量为 39800m³/s，18 日 8：00 退至 8.72m 后复涨，23 日 21：00 出现洪峰水位 10.27m，洪峰流量为 38600m³/s，涨水历时 285h，最大水位涨幅 4.17m。水位-流量过程线如图 4.1－17 所示。

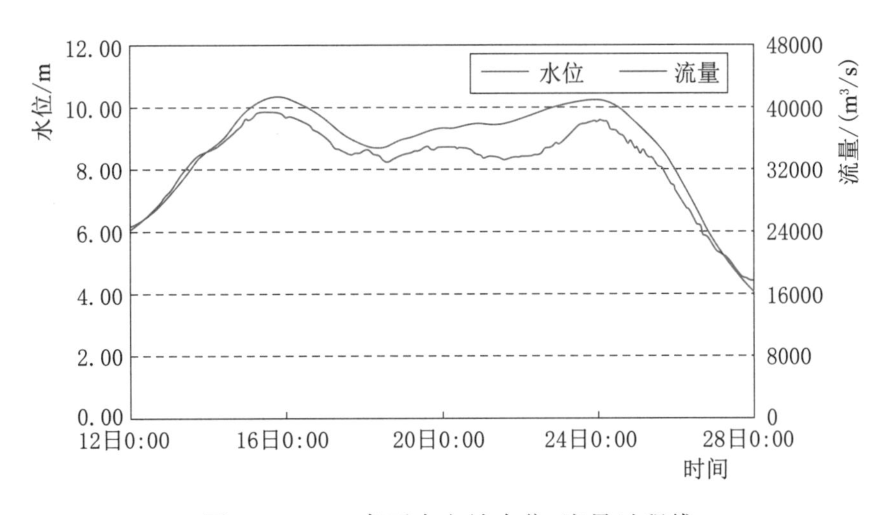

图 4.1－17　高要水文站水位-流量过程线

北江干流水道三水站洪水是一次单峰洪水过程，18 日 11：00 起涨，起涨水位为 6.29m，22 日 22：00 达到最高洪峰水位 8.1m，涨水历时 107h，水位涨幅 1.81m，最大洪峰流量为 15500m³/s。水位-流量过程线如图 4.1－18 所示。

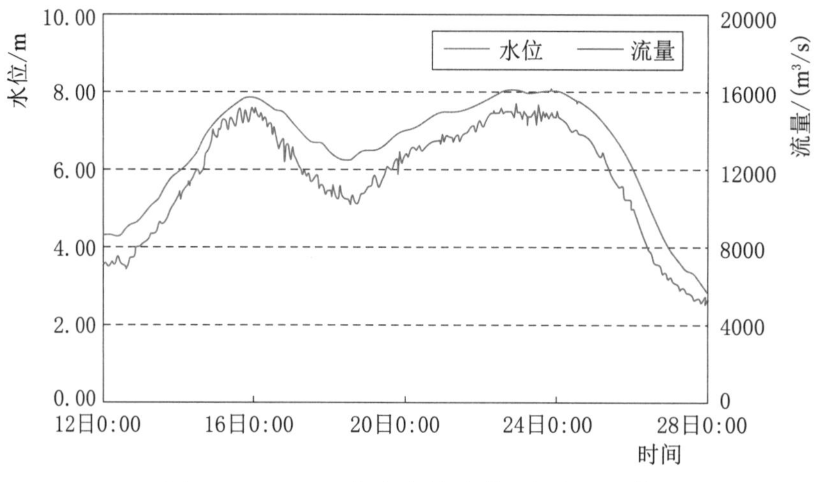

图 4.1－18　三水水文站水位-流量过程线

西江干流水道马口站洪水是一次单峰洪水过程，18 日 12：00 起涨，起涨水位 6.15m，23 日 23：00 达到最高洪峰水位 7.69m，涨水历时 131h，水位涨幅 1.54m，最大洪峰流量为 44700m³/s。水位-流量过程线如图 4.1－19 所示。

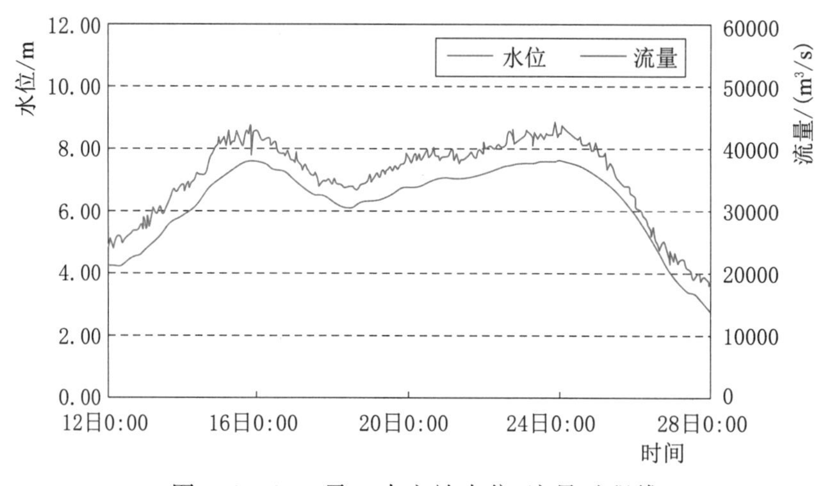

图 4.1－19　马口水文站水位-流量过程线

4.2　洪水组合

北江流域背靠南岭山脉，正处在山脉的迎风坡，加之河流水系呈阔叶脉状分布，北江干流及各支流的发育，受流域内弧形山地及谷地控制，在同一弧形谷地内两侧的支流往往在相距较近的地段汇入北江，致使洪水汇流集中迅猛。“22·6”北江洪水主要来自北江干流浈江和支流连江、滃江。

4.2.1 新韶水文站

浈江控制站新韶水文站流量由浈江干流、墨江、锦江、枫湾河、大富水、董塘水和剩余区间来水组成。从新韶水文站最大1d、3d、7d、15d洪量组成看，浈江上游小古菉水文站占15.1%～16.6%，墨江始兴站占16.5%～22.1%，锦江仁化站占12.9%～15.4%，董塘水猴子坪站占1.1%～1.7%，大富水高夫站占1.5%～1.9%，枫湾河瑶前站占9.8%～12.9%，剩余区间占33.5%～38.5%。

与集水面积占比对比，由于降水时间空间分布极不均匀，枫湾河、董塘水、墨江和区间的来水占比大于集水面积占比，大富水来水占比与集水面积占比持平略偏小，浈江上游来水占比远小于集水面积占比。

4.2.2 韶关水文站

北江干流韶关水文站的洪水主要由浈江洪水和支流武江来水组成。新韶水文站洪峰流量为6350m^3/s，重现期为100年，为历史实测最大洪水。武江为一般洪水，韶关站洪峰流量为9320m^3/s，重现期超20年，洪水量级较新韶水文站小。

韶关水文站最大3d洪量，浈江新韶水文站约占61.77%，武江犁市水文站约37.47%，因此韶关站洪水主要来源于浈江，武江洪水贡献比较小。从上游最大合成流量看，韶关站共出现三个洪峰，第一个洪峰出现时间为19日16：30，水位为54.77m，合成流量约7810m^3/s，其中新韶站、犁市水文站参与合成的流量分别为4500m^3/s、3310m^3/s，分别占韶关站合成流量的57.62%和42.38%；第二个洪峰出现时间为20日6：55，水位为54.07m，合成流量约6840m^3/s，其中新韶站、犁市水文站参与合成的流量分别为4200m^3/s、2640m^3/s，分别占韶关站合成流量的61.4%和38.6%；第三个洪峰出现时间为21日15：25，水位为56.14m，合成流量约9320m^3/s，其中新韶站、犁市水文站参与合成的流量分别为6350m^3/s、2970m^3/s，分别占韶关站合成流量的68.13%和31.87%。综合分析，韶关站三个洪峰的最大合成流量贡献仍然以浈江来水为主，武江贡献比较小。“22·6”北江洪水韶关站洪量组成见表4.2-1，韶关站及上游各站水位-流量过程线如图4.2-1所示。

表 4.2-1 韶关站洪量组成

河名	站名	集水面积		最大 3d 洪量		最大 7d 洪量		最大 15d 洪量	
		面积/km^2	占比/%	洪量/亿 m^3	占比/%	洪量/亿 m^3	占比/%	洪量/亿 m^3	占比/%
浈江	新韶	7540	51.46	11.21	61.77	17.13	58.47	25.52	54.32
武江	犁市	6976	47.61	6.80	37.47	11.93	40.72	21.05	44.80

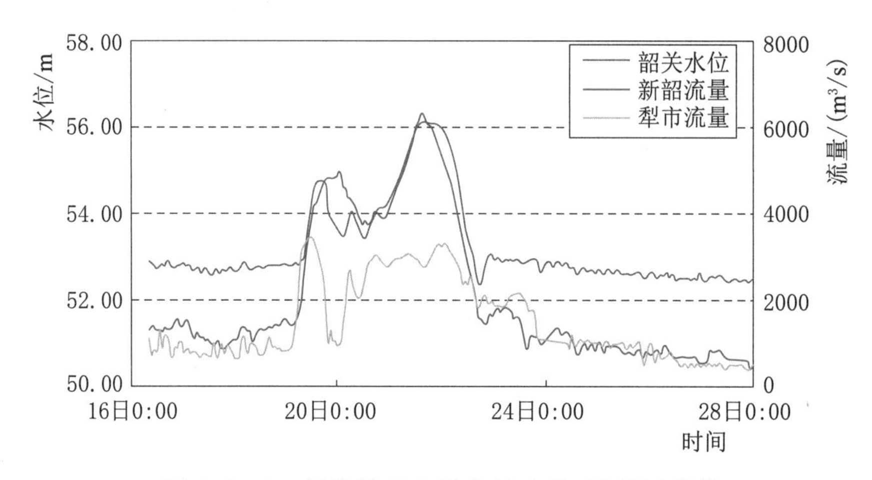

图 4.2-1 韶关站及上游各站水位-流量过程线

4.2.3 乌石水文站

乌石水文站的洪水主要来源于北江韶关（二）站以上，支流南水和马坝水的洪水，以及区间来水对洪峰流量也有不同程度的贡献。支流南水流域面积为 1485km^2，上游南水水库集水面积为 608km^2，18 日 2：00 至 24 日 8：00，水位从 212.92m 涨至 218.54m，最大入库流量 21 日 7：00 为 1070m^3/s，出库一直保持 75～80m^3/s 的发电流量，南水下游控制站龙归站洪峰流量达 1960m^3/s。北江支流马坝水集水面积为 353km^2，其中马坝站集水面积为 223km^2，洪峰流量达 382m^3/s。乌石水文站洪峰流量为 11500m^3/s，重现期超 50 年，洪水量级较韶关（二）站大。

乌石水文站最大 1d、3d、7d 洪量，韶关（二）站占 78.44%～82.7%，南水龙归站占 13.14%～15.84%（南水的集水面积仅占乌石水文站集水面积 8.5%），由此可见，乌石水文站洪水的主要来源是北江韶关（二）站以上洪水，其次是南水洪水。“22·6”北江洪水乌石水文站及上游各站水位-流量过程线如图 4.2-2 所示，乌石水文站洪量组成见表 4.2-2 。

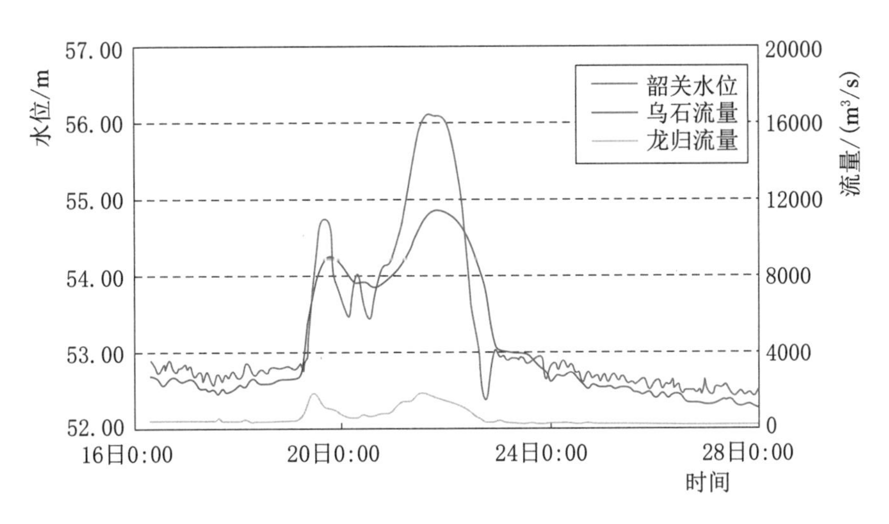

图 4.2-2 乌石水文站及上游各站水位-流量过程线

表 4.2-2 "22·6"北江洪水北江乌石水文站洪量组成

河名	站名	集水面积		最大 1d 洪量		最大 3d 洪量		最大 7d 洪量	
		面积/km²	占比/%	洪量/亿 m³	占比/%	洪量/亿 m³	占比/%	洪量/亿 m³	占比/%
北江	韶关	14653	87.24	7.36	82.70	18.15	78.44	29.30	80.47
南水	龙归	1428	8.50	1.41	15.84	3.04	13.14	5.08	13.95
区间		715	4.26	0.13	1.46	1.95	8.43	2.03	5.58

4.2.4 飞来峡水文站

飞来峡站在飞来峡枢纽下游约 2.5km，受飞来枢纽调控的影响，北江干流飞来峡站于 6 月 22 日 5：00 出现最大流量 20600m³/s，重现期超 100 年一遇(19200m³/s)。

从洪量组成看，连江高道站及滃江长湖水库站的洪量与飞来峡站对应洪量占比都比面积占比大，最大 1d、3d 和 7d 洪量分别占 42.15%、41.31%、37.68%和 22.88%、20.78%、19.65%；干流乌石站对应洪量占比，除了最大 1d 洪量略大于面积比，最大 3d 和 7d 洪量都小于面积比。北江飞来峡站洪量组成见表 4.2-3，由于区间漫堤、漫滩影响，因此区间最大 1d 和 3d 洪量计算为负值是合理的。飞来峡站及上游各站流量过程线如图 4.2-3 所示。

表 4.2-3 北江飞来峡水文站洪量组成

河名	站名	集水面积		最大1d洪量		最大3d洪量		最大7d洪量	
		面积/km^2	占比/%	洪量/亿m^3	占比/%	洪量/亿m^3	占比/%	洪量/亿m^3	占比/%
连江	高道	9007	26.32	7.102	42.15	19.67	41.31	33.98	37.68
滃江	长湖水库	4800	14.03	3.856	22.88	9.892	20.78	17.72	19.65
北江	乌石	16796	49.09	8.900	52.82	23.14	48.60	36.41	40.37
区间		3614	10.56	−3.008	−17.85	−5.092	−10.70	2.07	2.30
北江	飞来峡	34217	100	16.85		47.61		90.18	

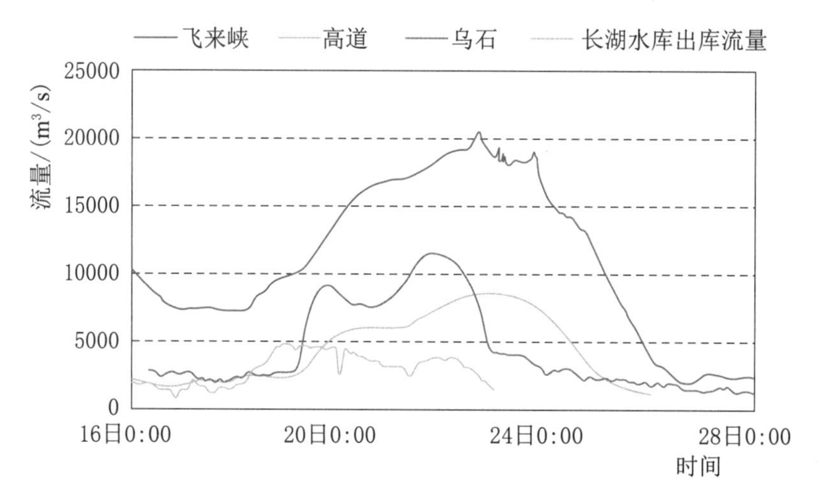

图 4.2-3 飞来峡站及上游各站流量过程线

4.2.5 石角水文站

受飞来峡水利枢纽调控及滘江蓄滞洪区分洪的影响，北江控制站石角站于22日10：40出现最大流量19500m^3/s，洪水量级接近100年一遇（根据1993年《珠江流域综合规划报告》，100年一遇为19900m^3/s）。

从洪量组成看，石角站的洪水主要来源北江干流飞来峡站，石角站最大1d洪量小于飞来峡站，主要是滘江蓄滞洪区在21—22日滞洪1.260亿m^3；若不考虑滘江蓄滞洪区分洪，飞来峡站最大1d和3d洪量占石角分别为95.8%和97.4%，与最大7d洪量占比相比，比较合理。本场洪水北江控制站石角站洪量组成见表4.2-4。石角站及上游各站流量过程线如图4.2-4所示。

表 4.2-4　　北江石角站洪量组成

河名	站名	集水面积		最大 1d 洪量		最大 3d 洪量		最大 7d 洪量	
		面积/km^2	占比/%	洪量/亿 m^3	占比/%	洪量/亿 m^3	占比/%	洪量/亿 m^3	占比/%
滃江	大庙峡	472	1.23	0.3447	2.11	0.743	1.56	1.460	1.52
滨江	珠坑	1607	4.19	0.3707	2.27	0.9763	2.05	2.220	2.31
北江	飞来峡	34217	89.19	16.85	103	47.61	100	90.18	94.0
北江	石角	38363		16.33		47.61		95.90	

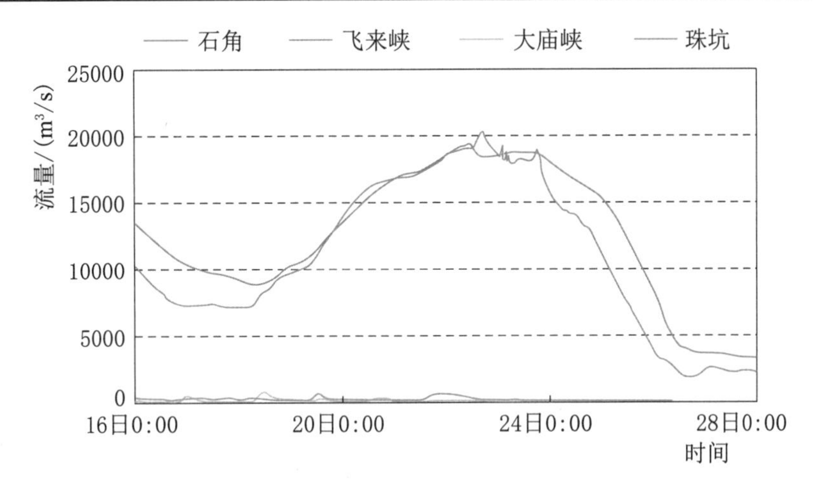

图 4.2-4　石角站及上游各站流量过程线

4.2.6　高道水文站

连江高道水文站洪量组成见表 4.2-5。从洪水组成中可以看出，连江高道水文站的洪水主要来源连江凤凰山以下区域，高道水文站及上游各站流量过程线如图 4.2-5 所示。

表 4.2-5　　连江高道文站洪量组成

河名	站名	集水面积		最大 1d 洪量		最大 3d 洪量		最大 7d 洪量		最大 15d 洪量	
		面积/km^2	占比/%	洪量/亿 m^3	占比/%	洪量/亿 m^3	占比/%	洪量/亿 m^3	占比/%	洪量/亿 m^3	占比/%
洞冠水	黄麖塘	595	6.61	0.9850	13.87	1.794	9.12	2.695	7.93	4.042	7.91
星子河	凤凰山	1556	17.27	0.8199	11.54	1.941	9.87	3.231	9.51	5.379	10.53
连江	高道	9007		7.102		19.67		33.98		51.1	

连江干流凤凰山站以上为常遇洪水，不到 5 年一遇；洪水向下游传播先后

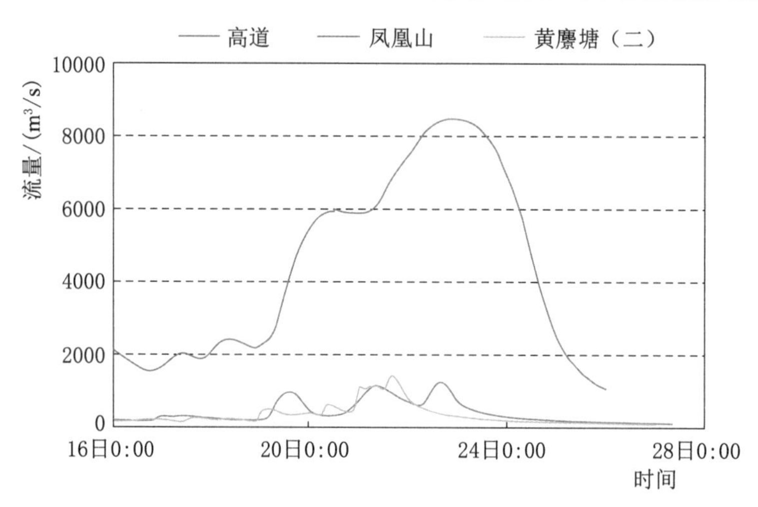

图 4.2-5 高道水文站及上游各站流量过程线

遭遇叠加支流东陂河、三江河、洞冠水、七拱河、青莲水、大潭河的洪水，最后汇至连江出口控制站高道站，洪峰流量为 8530m^3/s，超 100 年一遇。

4.2.7 三水水文站

洪水从石角水文站往下游演进，在右岸汇入了绥江洪水，绥江四会水文站 22 日 11：00 达到最高洪峰水位 10.74m，最大洪峰流量为 2710m^3/s。北江和西江通过思贤滘连通，西江高要站同期洪水洪峰流量为 38600m^3/s，超 5 年一遇，洪峰水位为 10.27m，洪水量级小于北江，北江洪水部分水量经思贤滘分流到西江，6 月 22 日，最大日均分流流量为 4580m^3/s。进入西北江三角洲后，北江干流水道三水水文站 22 日 22：00 出现最高洪峰水位 8.14m，最大洪峰流量为 15500m^3/s，50 年一遇（根据 1993 年《珠江流域综合规划报告》，20 年一遇为 13100m^3/s，50 年一遇为 14800m^3/s）。

4.2.8 马口水文站

马口水文站的流量主要由西江高要站的流量和思贤滘的过滘流量组成。马口水文站 23 日 23：00 出现最高洪峰水位 7.69m，最大洪峰流量 44700m^3/s，超 20 年一遇（根据 1993 年《珠江流域综合规划报告》，20 年一遇为 41900m^3/s，50 年一遇为 46000m^3/s）。

4.3 洪水特点

“22·6”北江洪水的特点如下：

（1）洪水历时长、多次高强度降水叠加，不断推高洪水规模，石角水文站超警戒水位持续时间达 109h。

（2）起涨水位高。“22·6”北江洪水起涨时，北江 2022 年第 1 号洪水还没完全消退。北江 2022 年第 1 号洪水石角站 15 日 20：00 出现 10.79m 洪峰水位、相应流量为 14400m^3/s。18 日 8：00 水位退至 8.21m（相应流量为 8930m^3/s）后，“22·6”北江洪水开始起涨。

（3）干、支流互相叠加。北江上游浈江控制站新韶水文站出现 100 年一遇洪水，加上北江中游暴雨与洪水演进方向基本一致，有利于洪水的汇集、叠加，支流连江下游水文控制站高道站出现了超 100 年一遇洪水，与北江干流洪水相遇组合，飞来峡水利枢纽出现了超 100 年一遇的入库洪水。

（4）洪水量级大。飞来峡站实测洪峰为 20600m^3/s，超 100 年一遇；石角水文站实测洪峰为 19500m^3/s，接近 100 年一遇。

（5）下游河段行洪能力明显增大，同级流量水位偏低。由于河床下切的影响，石角站洪峰流量为 19500m^3/s，水位为 12.24m；“94·6”洪水石角站流量为 16700m^3/s，水位为 14.68m，查“22·6”北江洪水水位流量关系，16700m^3/s 对应水位为 11.35m，低了 3.33m。

（6）下游受西江顶托影响。按照清远站至石角站之间目前的河床坡降，在不受西江顶托的情况下，两站的水位差在 3m 左右，但在“22·6”北江洪水期间，受西江顶托，两站洪峰水位的差值只有 2.42m。

（7）“22·6”北江洪水洪峰出现期间天文潮位较低。洪峰出现期间，正值天文小潮期，为农历五月二十四日，三角洲网河区仅部分潮位站水位超警。

4.4 与历史洪水比较

4.4.1 历史洪水水面线比较

洪水水面线是指洪水期间各河段站点最高水位（实测或调查）的连线。本次选取的站点从北江上游到下游分别为韶关、英德、横石、飞来峡、清远、石角、芦苞、三水。选取的对比洪水分别是“1915·7”“82·5”“94·6”“97·7”“06·7”“13·8”“14·5”洪水。其中 1915 年大洪水中代表断面的水位数据引自《清远市洪情概貌》，并与 1998 年出版的《广东水旱风灾害》书中数据进行对比，两本书中英德、清远的水位基本保持一致，但石角站水位相差较大，经考证，石角站 1915 年洪水位采用《清远市洪情概貌》中的数据。洪水水面线成果见表4.4-1和图4.4-1。

表4.4-1　　“22·6”北江洪水和历史洪水水面线成果

站名	起点距/km	间距/km	洪水最高水位/m							
			“1915·7”洪水	“82·5”洪水	“94·6”洪水	“97·7”洪水	“06·7”洪水	“13·8”洪水	“14·5”洪水	“22·6”洪水
韶关	0		(58.62)	53.72	57.25	53.36	56.95	54.14	53.03	56.16
英德	103	103	(36.1)	32.37	34.58	31.92	34.28	33.18	29.34	36.02
横石	143	40	(25.01)	23.61	23.96					
飞来峡	150	7	(25.01)			23.41	22.35	21.64	20.47	22.91
清远	181	31	(14.94)	15.94	16.40	15.90	15.08	14.15	13.59	14.70
石角	200	19	(13.48)	13.99	14.77	14.01	12.53	11.33	10.66	12.33
芦苞	227	27		11.18	12.43	10.9	9.04	8.35	7.35	10.07
三水	253	26		8.44	10.38	9.19	7.08	6.59	4.96	8.13

注：水位基面为珠基，括号中的数值为调查值。

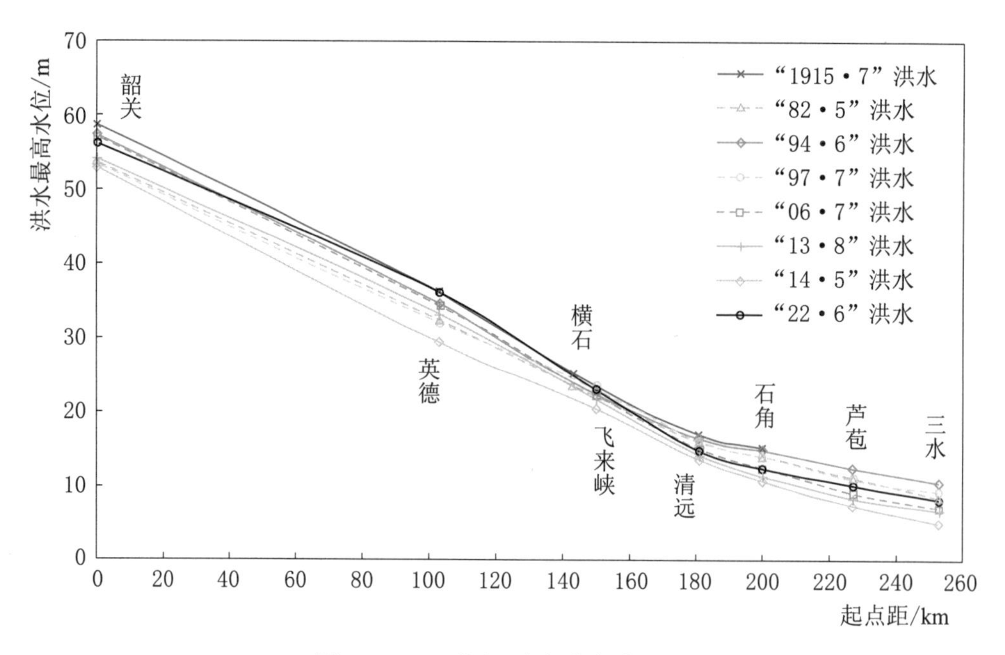

图4.4-1　北江干流洪水水面线

洪水水面线的变化趋势，客观地反映了洪水的基本情况，符合河道特性的客观规律，当洪水来源不同时，造成洪水在组成、量级等方面有明显差异。

“22·6”北江洪水与1915年洪水相比，在英德断面水位相差不大，在清远、石角断面由于河床下切、西江来水远小于1915年洪水，且天文潮顶托等因素也小于1915年洪水，水位远低于1915年洪水。

韶关至英德河段，“22·6”北江洪水韶关站水位低于“06·7”和“94·6”洪水，“22·6”北江洪水韶关站水位均高于“82·5”“97·7”“13·8”和“14·5”洪水。“22·6”北江洪水英德站水位明显高于各比较洪水的水位，主要原因是区间极端强降水、干支流同时发生大洪水，以及1997年以后英德两岸堤防加固，洪水归槽等多方面因素的综合影响结果。

石角水文站“22·6”北江洪水水位比“82·5”“94· 6”“97·7”洪水水位低；石角站“22·6”洪峰流量为19500m^3/s，相应水位12.24m，“82·5”洪峰流量为15200m^3/s，相应水位13.90m，“94·6”洪峰流量为16700m^3/s，相应水位14.68m，“97·7”洪峰流量为15700m^3/s，相应水位13.92m。

石角水文站“22·6”北江洪水水位略低于“06·7”，比“13·8”“14·5”高，“06·7”洪峰流量为17400m^3/s，相应水位12.44m，“13·8”洪峰流量为16700m^3/s，相应水位11.24m，“14·5”洪峰流量为16000m^3/s，相应水位10.57m。

4.4.2 水位流量关系历史对比

1. 高道水文站

连江高道站“22· 6”洪水综合水位-流量关系与“82·5”“94· 6”“97·7”“06·7”“13·8”“14·5”洪水比较见表4.4-2，综合水位-流量关系比较如图4.4-2所示。

表4.4-2　　高道站水位-流量关系比较

水位/m	综合线流量/(m^3/s)					
	“82·5”洪水	“94·6”洪水	“97·7”洪水	“13·8”洪水	“14·5”洪水	“22·6”洪水
22.5	594		848			
23.0	810		971			
23.5	1034		1117	1137	816	1069
24.0	1266		1285	1549	1197	1374
24.5	1504	1167	1475	1961	1578	1687
25.0	1750	1426	1686	2372	1960	2008
25.5	2004	1699	1919	2783	2341	2337
26.0	2265	1984	2172	3193	2722	2674
26.5	2534	2283	2445	3602	3103	3018
27.0	2810	2594	2739	4011	3484	3371

续表

水位/m	综合线流量/(m³/s)					
	“82·5”洪水	“94·6”洪水	“97·7”洪水	“13·8”洪水	“14·5”洪水	“22·6”洪水
27.5	3093	2918	3053	4419	3865	3731
28.0	3384	3255	3386	4827	4246	4099
28.5	3682	3605	3738	5235	4628	4474
29.0	3988	3968	4109	5641	5009	4858
29.5	4301	4344	4498	6048	5390	5250
30.0	4622	4733	4906	6453	5771	5649
30.5	4950	5134	5331	6858	6152	6056
31.0	5286	5549	5774	7263		6471
31.5	5629	5976	6234	7667		6894
32.0	5979	6417	6710	8071		7324
32.5	6337	6870	7203	8473		7762
33.0	6703	7336		8876		8209
33.5	7076			9278		8663
34.0	7456					

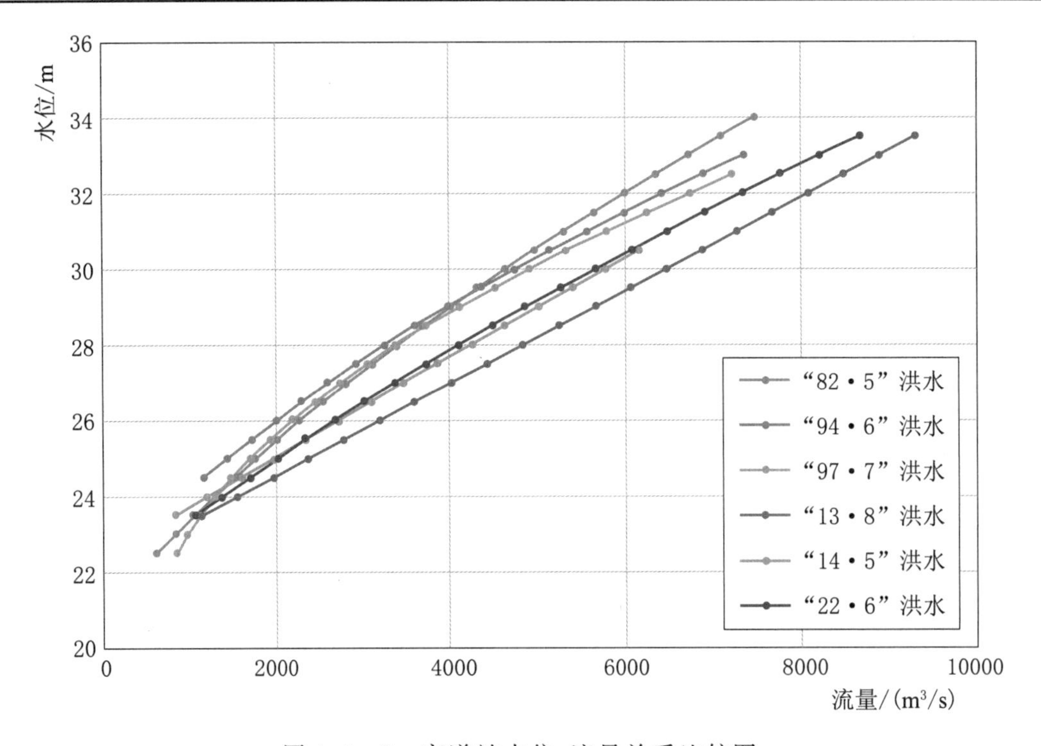

图 4.4-2 高道站水位-流量关系比较图

高道站2022年与1982年、1994年和1997年的水位-流量关系线相比明显偏于右边，河流的河道特征有较大改变，行洪能力增加。与2013年相比较水位-流量关系线偏左。2014年之后，河床逐渐趋于稳定，2022年与2014年比较水位-流量关系线接近，河流的河道特性改变不大，行洪能力略为变小。

2. 石角水文站

北江石角站“22·6”洪水综合水位-流量关系与“82·5”“94·6”“97·7”“06·7”“13·8”“14·5”洪水比较见表4.4-3，综合水位-流量关系比较如图4.4-3所示。

表4.4-3　　北江石角站水位-流量关系比较

水位/m	综合线流量/(m^3/s)						
	“82·5”洪水	“94·6”洪水	“97·7”洪水	“06·7”洪水	“13·8”洪水	“14·5”洪水	“22·6”洪水
3.5						3460	3110
4.0					3810	3520	3270
4.5				1700	4370	3820	3520
5.0				1790	4990	4350	3870
5.5	834			2040	5660	5080	4310
6.0	1360			2430	6380	5960	4840
6.5	1890			2970	7140	6950	5460
7.0	2440	2000	1860	3630	7960	8010	6180
7.5	3010	2390	2600	4420	8810	9110	6990
8.0	3630	2930	3300	5330	9710	10200	7900
8.5	4280	3600	3980	6350	10600	11300	8900
9.0	4990	4340	4660	7470	11600	12400	99908
9.5	5760	5140	5360	8690	12600	13400	11200
10.0	6600	5970	6100	10000	13700	14600	12500
10.5	7530	6830	6900	11400	14700	15800	13800
11.0	8540	7700	7770	12900	15800	17200	15300
11.5	9650	8600	8750	14400	17000		16800
12.0	10900	9540	9850	16000			18500
12.5	12200	10500	11100	17600			20200
13.0	13700	11600	12500				

续表

水位/m	综合线流量/(m³/s)						
	“82·5”洪水	“94·6”洪水	“97·7”洪水	“06·7”洪水	“13·8”洪水	“14·5”洪水	“22·6”洪水
13.5	15300	12800	14100				
14	17000	14200	15800				
14.5		15800					
15.0		17700					

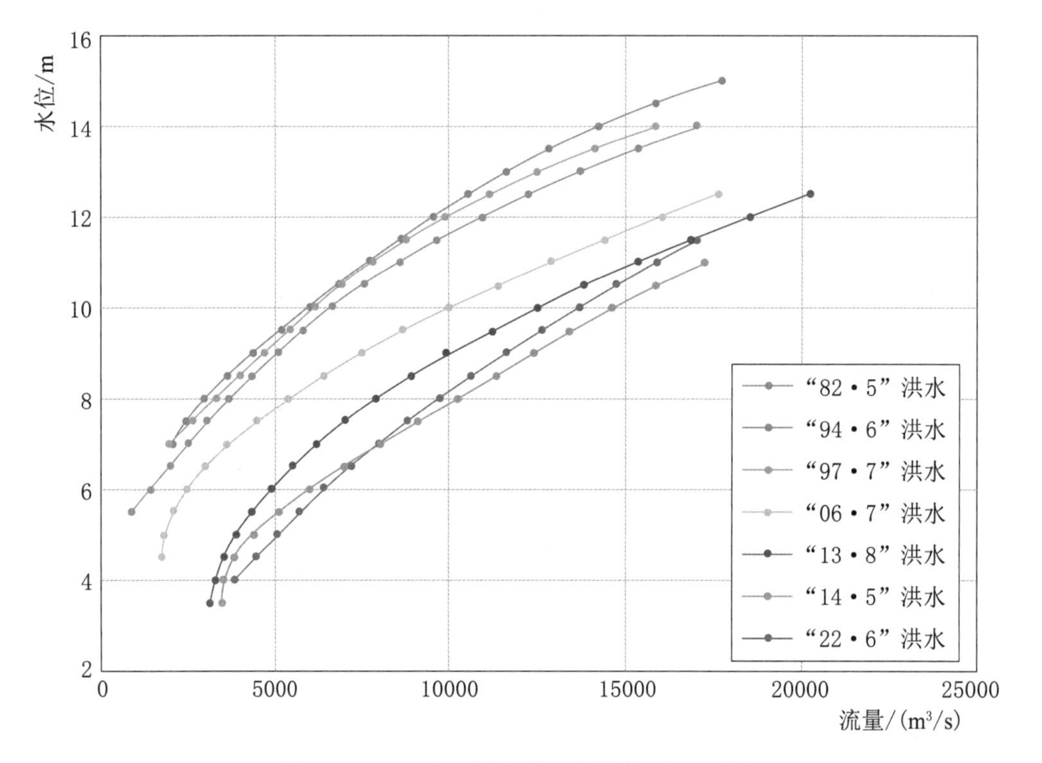

图 4.4-3 石角站水位-流量关系比较图

北江石角站2022年与1982年、1994年、1997年和2006年的水位-流量关系线相比明显偏于右边，河流的河道特征有较大改变，行洪能力增加。与2013年和2014年比较水位-流量关系线略为偏于左边，河流的河道特性改变不大，行洪能力略为变小。

3. 三水水文站

珠江三角洲北江干流水道三水站“22·6”北江洪水综合水位-流量关系与“82·5”“94·6”“97·7”“06·7”“13·8”“14·5”洪水比较见表4.4-4，综合水位-流量关系比较如图4.4-4所示。

表 4.4-4　　珠江三角洲三水站水位流量关系比较

水位/m	综合线流量/(m^3/s)						
	"82·5"洪水	"94·6"洪水	"97·7"洪水	"06·7"洪水	"13·8"洪水	"14·5"洪水	"22·6"洪水
2.5	1478	2844	4156	4975	4998	5057	4693
3.0	1953	3576	4766	5623	5728	5852	5195
3.5	2441	4197	5342	6344	6491	6621	5780
4.0	2949	4764	5957	7069	7284	7341	6449
4.5	3481	5319	6648	7818	8109	8113	7203
5.0	4041	5892	7421	8616	8966	9166	8040
5.5	4636	6500	8264	9455	9854		8962
6.0	5269	7153	9154	10302	10773		9968
6.5	5946	7857	10065	11162	11723		11057
7.0	6671	8615	10981	12180	12705		12231
7.5	7450	9430	11899	13795			13489
8.0	8287	10309	12845				14831
8.5	9187	11266	13876				16257
9.0	10156	12322	15094				
9.5		13511	16655				
10.0		14883					
10.5		16502					
11.0		18455					

三水站 2022 年与 1982 年、1994 年和 1997 年的水位-流量关系线相比明显偏于右边，河流的河道特征有较大改变，行洪能力增加。与 2006 年、2013 年和 2014 年比较水位-流量关系线略为偏于左边，河流的河道特性改变不大，行洪能力略为变小。

4. 马口水文站

珠江三角洲西江干流水道马口站"22·6"北江洪水综合水位-流量关系与"82·5""94·6""97·7""06·7""13·8""14·5"洪水比较见表 4.4-5，综合水位-流量关系比较如图 4.4-5 所示。

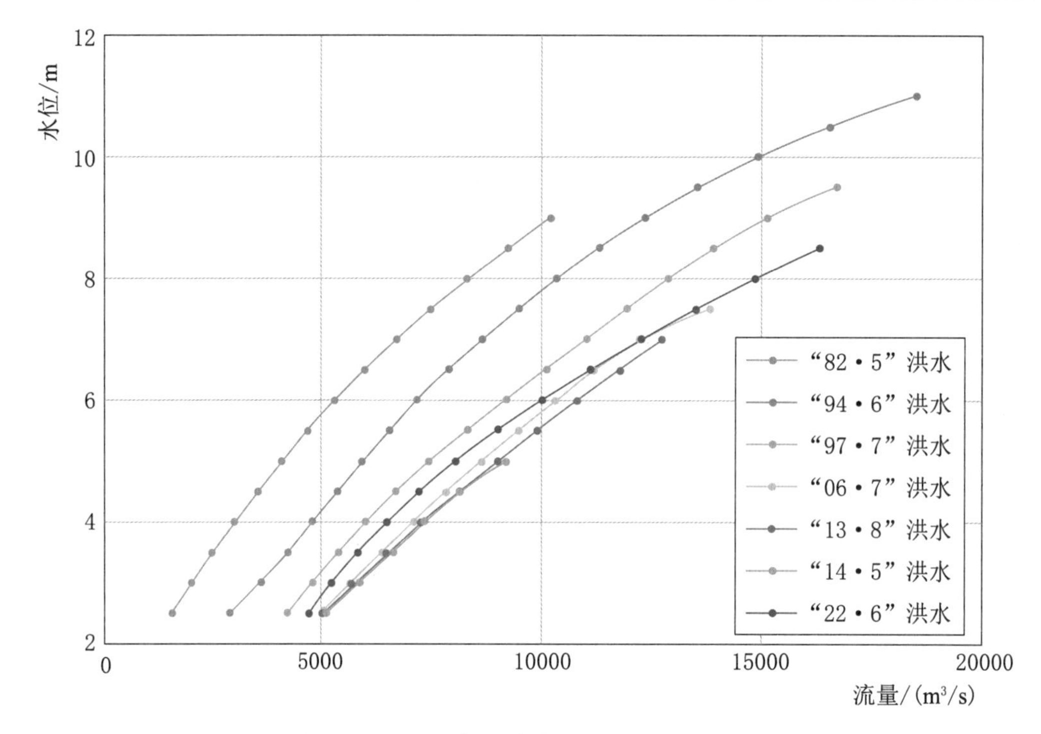

图 4.4-4 三水站水位-流量关系比较图

表 4.4-5 珠江三角洲马口站水位流量关系比较

水位/m	综合线流量/(m^3/s)						
	“82・5”洪水	“94・6”洪水	“97・7”洪水	“06・7”洪水	“13・8”洪水	“14・5”洪水	“22・6”洪水
2.5	10395	10955	12180	16632	16205	17386	17137
3.0	11742	12029	13425	18568	18435	19553	19150
3.5	13189	13288	14867	20638	20731	21701	21264
4.0	14736	14733	16503	22827	23092	23829	23477
4.5	16381	16364	18335	25113	25518		25790
5.0	18126	18181	20363	27481	28009		28203
5.5	19971	20183	22586	29911	30566		30715
6.0	21914	22370	25005	32384	33187		33328
6.5	23957	24744	27619	34883	35874		36040
7.0	26100	27303	30429	37390			38851
7.5	28342	30048	33435				41763
8.0	30683	32978	36636				44774
8.5	33123	36094	40032				

续表

水位/m	综合线流量/(m³/s)						
	“82·5”洪水	“94·6”洪水	“97·7”洪水	“06·7”洪水	“13·8”洪水	“14·5”洪水	“22·6”洪水
9.0		39396	43624				
9.5		42884	47412				
10.0		46557					
10.5		50416					

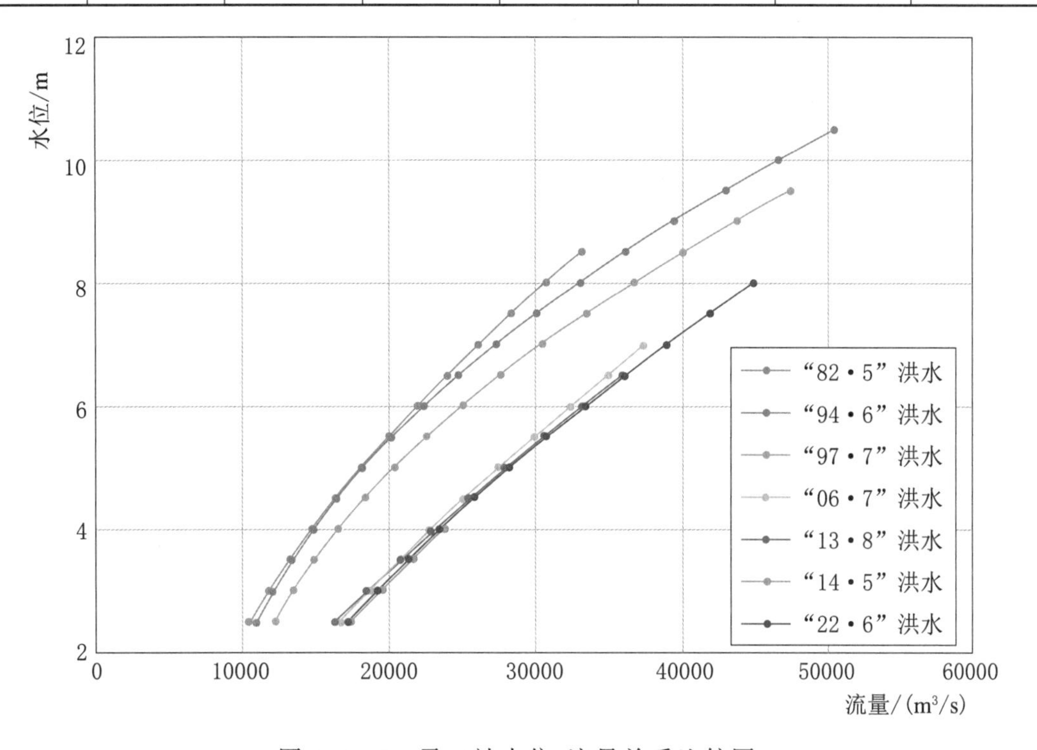

图 4.4-5　马口站水位-流量关系比较图

从表 4.4-5 和图 4.4-5 可以看出，马口站 2022 年与 1982 年、1994 年和 1997 年的水位-流量关系线相比偏差较大，与 2006 年、2013 年和 2014 年比较接近，其中与 1982 的偏差最大，其次为 1994 年，说明 2006 年以前河流的河道特征逐年改变，行洪能力增加，2006 年以后河道相对稳定。

4.4.3　时段洪量对比

1. 高道站

连江高道站“22·6”北江洪水洪峰、洪量与“82·5”“94·6”“97·7”“13·8”和“14·5”洪水比较见表 4.4-6。洪峰流量“13·8”最大，为

9160m^3/s，最大3d洪量“13·8”最大，为20.6亿m^3，最大7d洪量“22·6”最大，为34.0亿m^3，最大15d洪量“22·6”最大，为51.1亿m^3。

表4.4-6　　连江高道站时段洪量与历史洪水比较

洪水	最高水位/m	最大洪峰流量/(m^3/s)	最大3d洪量/亿m^3	最大7d洪量/亿m^3	最大15d洪量/亿m^3
“82·5”	34.1	7540	16.4	23.4	27.7
“94·6”	32.62	6990	17.1	32.7	44.2
“97·7”	32.29	6990	15.1	27.9	40.2
“13·8”	33.36	9160	20.6	30.9	38.8
“14·5”	30.18	6200	12.3	18.4	26.3
“22·6”	33.37	8530	19.7	34.0	51.1

2. 石角站

北江石角站“22·6”北江洪水洪峰、洪量与“82·5”“94·6”“97·7”“06·7”“13·8”和“14·5”洪水比较见表4.4-7。洪峰流量“22·6”最大，为19500m^3/s，最大3d洪量“22·6”最大，为47.6亿m^3，最大7d洪量“22·6”最大，为95.9亿m^3，最大15d洪量“22·6”最大，为163.2亿m^3。

表4.4-7　　北江石角站时段洪量与历史洪水比较

洪水	最高水位/m	最大洪峰流量/(m^3/s)	最大3d洪量/亿m^3	最大7d洪量/亿m^3	最大15d洪量/亿m^3
“82·5”	13.9	15200	36.0	63.4	84.6
“94·6”	14.68	16700	40.0	83.1	132.0
“97·7”	13.92	15700	36.3	75.2	129.9
“06·7”	12.44	17400	40.7	64.2	98.2
“13·8”	11.24	16700	39.7	66.3	90.9
“14·5”	10.57	16000	33.0	53.0	83.4
“22·6”	12.22	19500	47.6	95.9	163.2

第5章　洪 水 还 原

北江洪水期间，水利工程调度起到了削峰错峰和滞洪作用，有效降低了北江中下游的洪峰流量和水位。为分析“22·6”北江洪水的天然情况，本章进行了还原计算，计算断面为飞来峡水利枢纽坝址和石角断面（横石站和飞来峡水利枢纽坝址断面相隔7.5km，中间无支流输入），率定资料采用横石站历史资料（1984—1999年）和飞来峡水利枢纽入库流量资料（2000—2020年）。

还原计算采用的模型和方法，包括新安江模以型＋流域汇流滞后演算法（河道采用马斯京根河道演算）、新安江模型＋流域汇流单位线法（河道采用滞时合成流量）、HH分布式模型和HEC-HMS软件内置模型等。

5.1　新安江模型＋流域汇流滞后演算法

新安江模型＋流域汇流滞后演算法是中国洪水预报系统流域产汇流计算中采用的模型，在广东省水文局应用的时间较长，各主要断面均有成熟的方案。流域产流采用新安江三水源蓄满产流模型，流域汇流采用滞后演算方法，河道演算采用马斯京根方法。

飞来峡坝址断面方案采用原横石站方案，采用浈江控制站原长坝站、武江控制站犁市站、连江控制站高道站、滃江控制站滃江站四个站以及区间的产汇流作为输入，区间以英德站为界划分为两块，方案计算框图如图5.1-1所示。

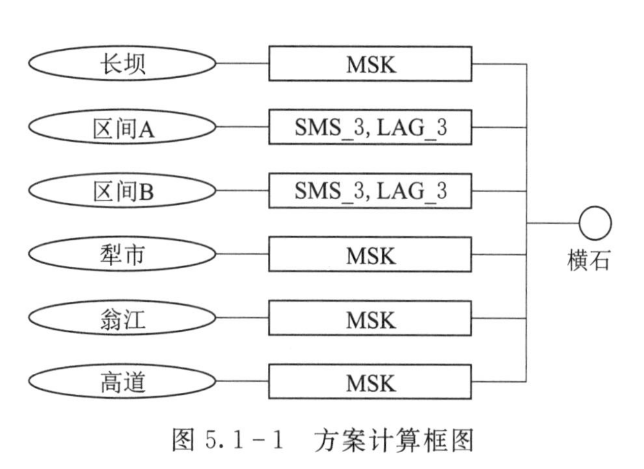

图5.1-1　方案计算框图

根据《水文情报预报规范》（GB/T 22482—2008），模型率定使用不少于10年的水文气象资料，场次洪水不足时，应使用所有的洪水资料。综合考虑上游浈江长坝站1984年才建站，1999年飞来峡水利枢纽建成，所以模型率定采用横石站1984—1999年的洪峰流量大于4000m^3/s的28场洪水资料。

模型计算时段长取 6h，率定后平均确定性系数为 0.901，属于甲等。1994 年大洪水为率定期出现的最大洪水，模型效率系数达 0.97，计算结果如图 5.1-2 所示。

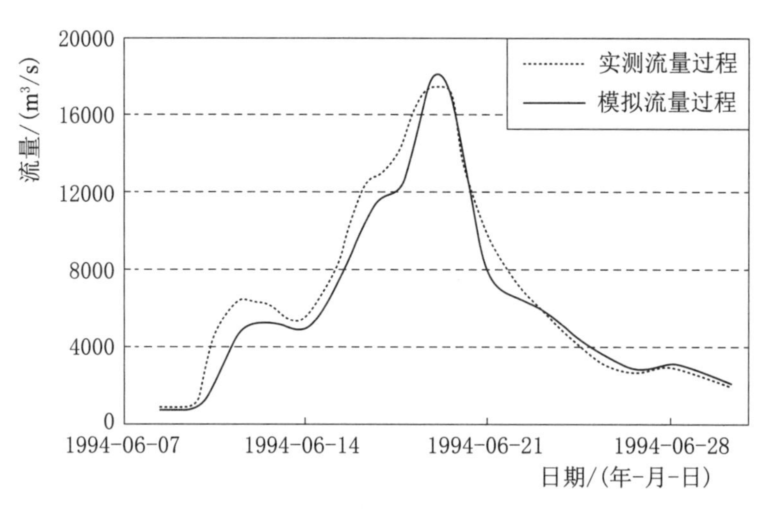

图 5.1-2 “94·6”洪水飞来峡坝址断面计算流量

选用 2000—2021 年期间飞来峡坝址断面洪峰流量大于 10000m^3/s 的 13 场洪水进行验证，检验平均确定性系数为 0.88，达到甲等标准。

用该方案计算飞来峡坝址断面“22·6”北江洪水，洪峰流量为 21630m^3/s，峰现时间为 6 月 23 日 2：00。犁市站和新韶站的流量过程受乐昌峡、锦江、湾头水利枢纽的调蓄影响，用两站还原后的洪水过程计算，飞来峡坝址断面的洪峰流量为 22090m^3/s，计算结果如图 5.1-3 所示。

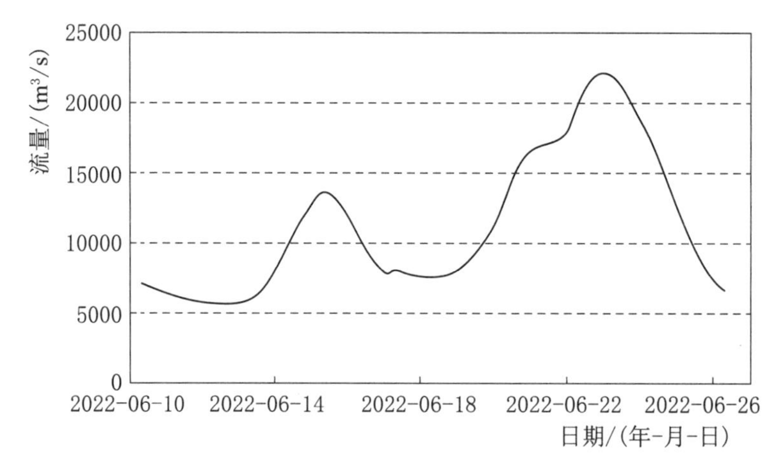

图 5.1-3 “22·6”北江洪水飞来峡坝址断面还原流量过程

5.2 新安江模型+流域汇流单位线法

新安江模型+流域汇流单位线法是中小河流系统中采用的模型之一，中小河流系统是广东省水文局日常作业预报系统，从 2016 年开始作为作业预报方案，并每年根据洪水情况对方案进行修编，是常用的洪水预报方案。方案河道计算为流量滞时合成模型，区间采用新安江模型配相应的经验单位线。

模型率定采用 1984—1997 年期间的洪水资料共 20 场，率定洪水过程的平均确定性系数为 0.90。

模型检验采用 2000—2021 年期间洪峰流量大于 10000m^3/s 的洪水共 11 场，洪峰相对误差在 20%以内。

用该方案计算飞来峡坝址断面“22・6”北江洪水，采用犁市站和新韶站的实测洪水过程，计算飞来峡坝址断面洪峰流量为 21940m^3/s，峰现时间为 6 月 23 日 2：00。用犁市站和新韶站的还原后的洪水过程计算，飞来峡坝址断面的洪峰流量为 22830m^3/s，峰现时间为 22 日 23：00，计算结果如图 5.2-1 所示。

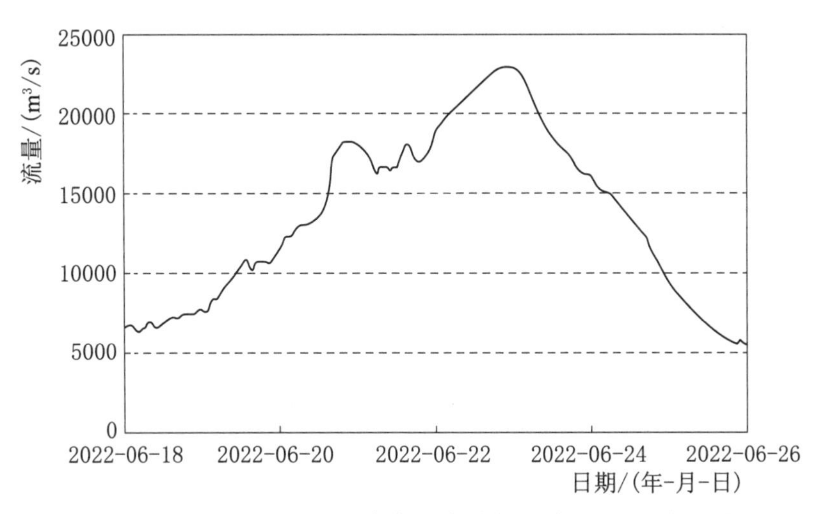

图 5.2-1 “22・6”北江洪水飞来峡坝址断面还原流量过程

5.3 HH 分布式模型

HH 分布式模型（Hydrology-Hydraulics model）是基于物理机制的分布式水文水动力模型。垂直方向上，模型详细计算蒸散发过程（冠层截留蒸发、植被蒸腾、裸土蒸发）、土壤水与地下水交互过程、地表产流与入渗过程；水平方向上，模型将流域划分为子流域，以子流域为单元计算产流过程。模型采用瞬时单位线法计算坡面汇流，采用马斯京根计算河网汇流。

利用 HH 模型，对“22·6”北江洪水进行了还原模拟。模型采用 90m×90mDEM 数据提取了北江流域河道，进行产汇流模拟演算。模型按全归槽、无调度的状态对“22·6”北江洪水进行了模拟还原。HH 模型对各干支流主要控制站的洪峰流量模拟效果较好，模拟确定性系数均可达到 0.9 以上。

计算结果表明，飞来峡坝址断面于 6 月 22 日 23：00 出现 22800m^3/s 的洪峰流量，如图 5.3-1 所示。

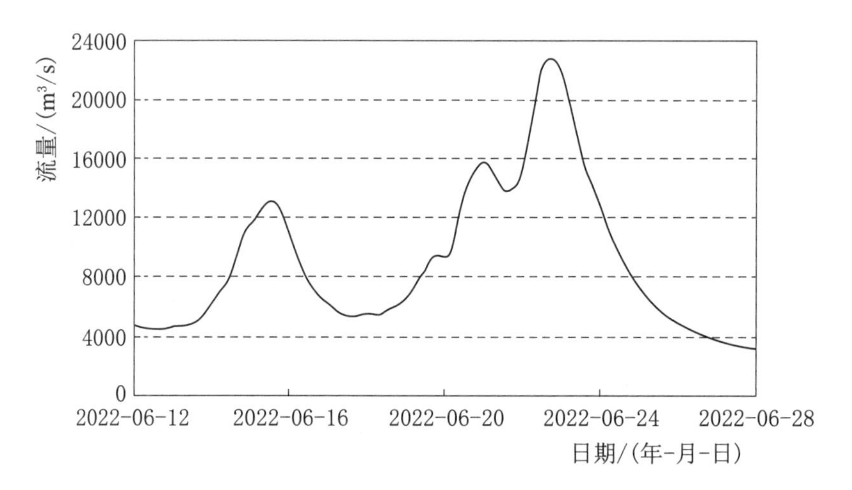

图 5.3-1 “22·6”北江洪水飞来峡坝址断面还原流量过程

5.4 HEC-HMS 软件内置模型

HEC-HMS 属于概念型水文模型系统，模型用相互联系的水文和水力学要素表示流域水文过程，由降水模拟直接径流过程及河道水流演进过程，是较为全面的降水径流模拟模型。

根据北江上游干支流组合、站点布设以及站点资料情况，采用 HEC-HMS 模型进行建模。

用 1984—1997 年期间的 13 场洪水进行率定，有 12 场洪水洪峰误差在 20%内，确定性系数基本均达 0.9。用 2000—2021 年期间的 13 场洪水进行验证，洪峰相对误差均在 20%内。

经计算，飞来峡坝址断面入库洪峰流量为 21410m^3/s。用还原后的洪水过程计算，洪峰流量为 22300m^3/s，如图 5.4-1 所示。

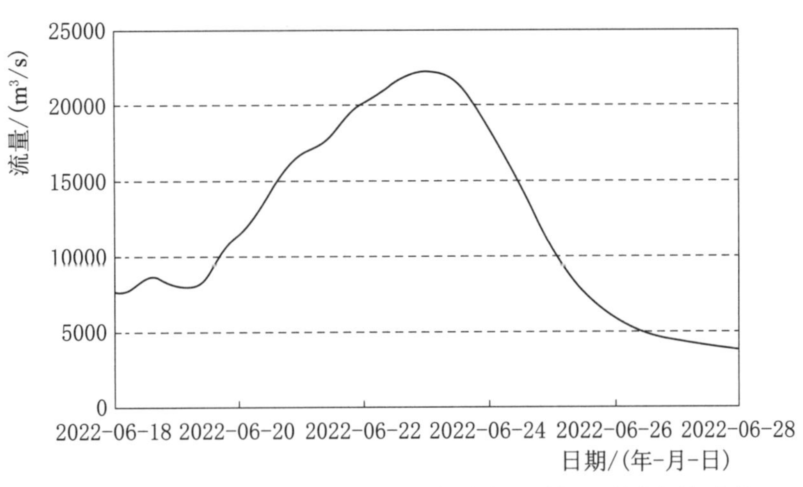

图 5.4－1　“22·6”北江洪水飞来峡坝址断面还原流量过程

5.5　飞来峡坝址断面洪峰流量分析及确定

采用以上四种方法对“22·6”北江洪水还原计算结果基本一致（表 5.5－1），后三种方法跟第一种方法的计算结果比较，偏差分别为 3%、3%、1%，四种方法的计算成果合理，结合各方案使用经验以及合成流量对照分析，确定飞来峡坝址断面还原计算流量为 22300m^3/s，重现期超 300 年一遇（飞来峡坝址断面流量设计成果见表 5.5－2）。

表 5.5－1　　　　飞来峡坝址断面还原计算成果

模型方法	新安江模型＋流域汇流滞后演算法	新安江模型＋流域汇流单位线法	HH 分布式模型	HEC－HMS 软件内置模型
还原坝址流量/(m^3/s)	22090	22830	22800	22300
相对方法一的偏差/%	/	3	3	1

表 5.5－2　　　　飞来峡坝址断面流量设计成果

频率	0.01%	0.1%	0.2%	0.33%	0.5%	1%	2%
设计流量/(m^3/s)	28700	24100	22700	21600	20700	19200	17700

注：来源于 2000 年《飞来峡水利枢纽建设文集》。

根据 1991 年广东省水利电力厅编写的《广东省洪水调查资料》，1915 年洪水飞来峡坝址断面的洪峰流量为 21000m^3/s。1915 年洪水和 2022 年洪水干支流控制站的流量对比见表 5.5－3，干流水面线对比见图 5.5－1。表 5.5－3 中，1915 年洪水各断面为未归槽的推算流量，“22·6”北江洪水韶关、新韶、飞来峡坝址为还原计算流量，其余为实测流量。

表 5.5-3　　1915 年和 2022 年洪水各站流量对比

河流	1915 年（调查值）		2022 年		
	站名	洪峰/(m^3/s)	站名	实测洪峰/(m^3/s)	还原洪峰/(m^3/s)
浈江	浈湾	(5900)	新韶	6350	6530
武江	犁市	(5540)	犁市	3290	
干流上	韶关	(10880)	韶关	9320	10600
连江	高道	(7350)	高道	8530	
滃江	黄岗	(5420)	长湖下	4770	
干流	飞来峡坝址	(21000)	飞来峡坝址	20600	22300

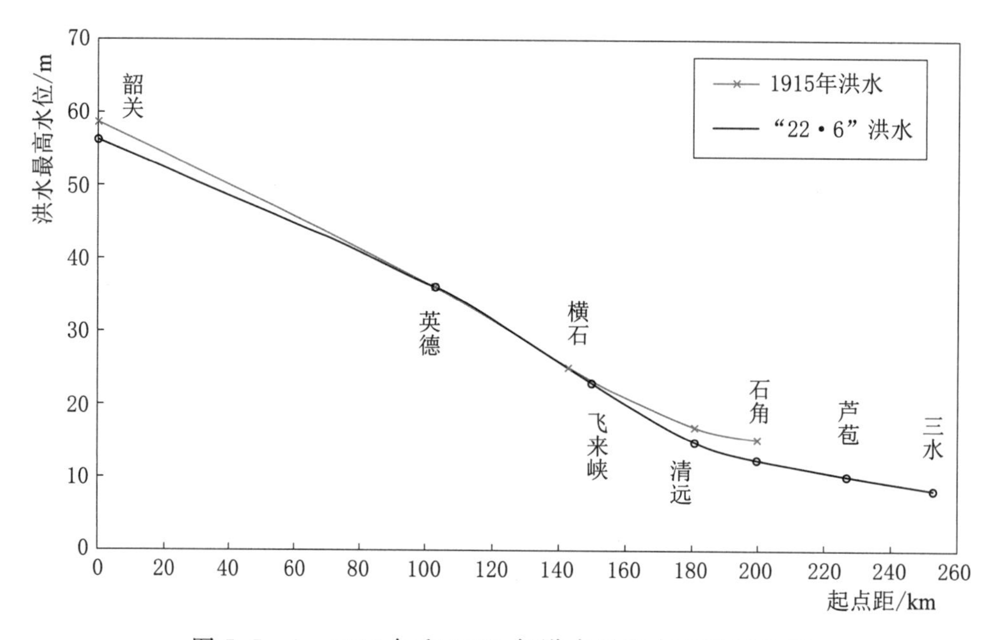

图 5.5-1　1915 年和 2022 年洪水干流水面线对比图

5.6　西江同等量级来水“22·6”北江下游水位分析

为了模拟西江来水同等量级条件下，“22·6”北江下游各站的水位情况，分别采用一维水力学方法和经验分析法进行计算，具体如下。

5.6.1　方法一：一维水力学方法

1. 地形数据

清远站至三水站共布设了 16 个断面，断面选择避开江心洲。其中石角测流断面为第 10 号断面，断面布置分布如图 5.6-1 所示。

2. 边界条件

模拟条件：北江飞来峡站洪峰流量为 20000m³/s，西江高要站洪峰流量为 55000m³/s，经思贤滘分流后（北过西），三水站洪峰流量为 17300m³/s，经高水延长推算相应水位为 9.8m。

3. 计算成果

根据上述假定的边界条件以及“22·6”北江洪水对应的天文潮，计算得到石角站对应水位为 13.31m，比“22·6”北江洪水实测洪峰水位高 1.09m；若同时遭遇下游天文大潮顶托影响，石角站对应水位为 13.51m，比“22·6”北江洪水实测洪峰水位高 1.29m。

图 5.6-1　计算断面布置分布图

5.6.2　方法二：经验分析法

根据实测断面及流量资料初步可以判断，自 2005 年开始天文潮对石角站水位逐渐增大影响，尤其是中低水时，到 2015 年左右达到高峰。

统计自 2005 年以来的，西江高要站与北江石角站峰现时间接近的洪水，进行比较分析，可以看出，当西江发生 10 年一遇以上洪水时，对北江顶托影响较大，一般壅高 0.80～1.10m，如“20050624”“20080615”“20080619”“20170703”洪水；当西江与北江都发生较小洪水时，北江水位也会壅高，一般壅高 0.50m 以内，实测资料对比分析见表 5.6-1。

“22·6”北江洪水中，经过上游水利工程调蓄、潖江蓄滞洪区分洪，石角站于 22 日 11：00 达到最高洪峰水位 12.24m，最大洪峰流量为 19500m³/s；西江下游高要站于 23 日 21：00 出现洪峰水位 10.27m，洪峰流量为 38600m³/s，5 年一遇。若西江同时也发生超 100 年一遇洪水（高要站洪峰流量为 55000m³/s），如“05·6”洪水，高要站水位将达到 12.57m，比现在高 2.30m，两江相互顶托，从最不利的角度考虑，北江石角站水位可能达到 13.5m。通过水力学计算及历史资料统计两种方法分析，“22·6”北江洪水如遭遇西江百年一遇洪水（高要

表 5.6-1 实测资料对比分析

序号	石角站						高要站				石角站洪峰出现时间对应农历时间
	时间	洪峰流量/(m^3/s)	对应流量频率	实测洪峰水位/m	查线水位/m	水位差/m	时间	洪峰流量/(m^3/s)	对应水位/m	对应流量频率	
1	2005-06-24 13:00	12600	5年一遇	12.22	11.3	0.92	2005-06-23 19:25	55000	12.57	超100年一遇	十八
2	2008-06-15 20:00	13400	接近10年一遇	11.83	10.76	1.07	2008-06-15 18:00	47200	11.21	超20年一遇	十二
3	2008-06-19 19:00	12500	5年一遇	11.35	10.42	0.93	2008-06-18 17:00	42200	10.49	10年一遇	十六
4	2013-08-19 8:00	16700	超20年一遇	11.24	10.77	0.47	2013-08-20 12:30	27800	7.94		十三
5	2014-06-06 19:50	8100		6.97	6.91	0.06	2014-06-08 6:00	26500	6.33		初九
6	2015-05-24 16:40	12500	5年一遇	9.58	9.25	0.33	2015-05-24 23:15	25900	7.61		初七
7	2016-05-21 23:50	9380		7.82	7.53	0.29	2016-05-22 10:50	23400	5.73		十五
8	2016-06-17 8:00	10100		8.08	7.86	0.22	2016-06-18 9:00	33400	8.03	接近5年一遇	十三
9	2017-07-03 20:25	9580		8.35	7.53	0.82	2017-07-04 21:10	42400	9.94	10年一遇	初十
10	2019-06-14 16:30	11400		8.46	7.95	0.51	2019-06-14 17:40	24900	6.43		十二
11	2022-06-14 19:30	14000	超10年一遇	10.80	10.14	0.66	2022-06-15 20:00	39800	10.39	超10年一遇	十六

站洪峰流量为 55000m³/s）且受天文大潮顶托的共同影响，北江石角站水位将达到 13.5m，比石角站 22 日 11：00 实测洪峰水位 12.24m 高 1.26m。

5.7 石角站洪峰还原

石角站的还原使用新安江模型｜流域汇流滞后演算法。

方案采用大庙峡站、珠坑站、飞来峡坝址三个河道输入和一个区间输入。大庙峡站 1960 年建站，珠坑站 1989 年停测流量，故方案采用 1960—1989 年的 59 场洪峰流量大于 5000m³/s 的历史洪水资料，计算时段 6h，率定后确定性系数为 0.961，属于甲等方案。

流域产流采用三水源新安江模型，以算术平均法计算面平均雨量，流域汇流采用 LAG_3 模型，河道汇流采用马斯京根法。确模型计算框图如图 5.7-1 所示。

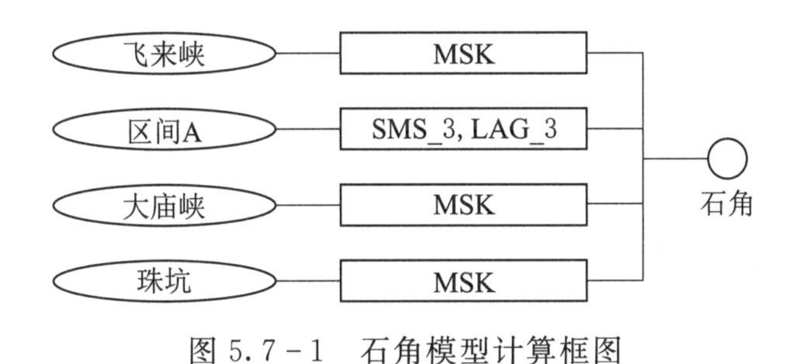

图 5.7-1　石角模型计算框图

采用飞来峡还原流量过程计算，石角站还原后洪峰流量为 22400m³/s（不考虑潖江蓄滞洪区分洪）。石角站还原后的洪水过程线如图 5.7-2 所示。

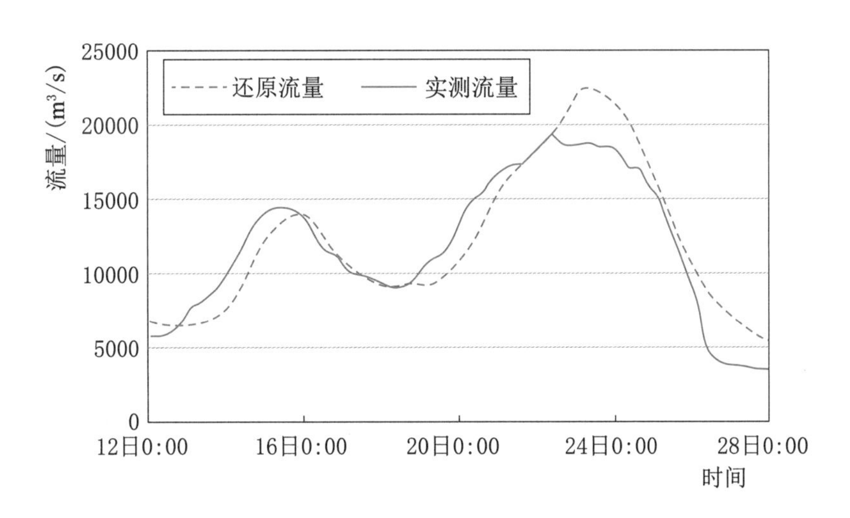

图 5.7-2　石角还原流量过程线

第6章 水库防洪分析

北江流域已建成飞来峡水利枢纽、乐昌峡水利枢纽、南水水库、孟洲坝水电站、锦江（仁化）水库、潭岭水库、长湖水库、小坑水库、白石窑水电站、濛浬水电站、锦潭水库、清远水利枢纽、莽山水库等大型工程13宗，其中广东省外1宗为莽山水库，总库容为1.33亿m^3，广东省内12宗总库容为55.63亿m^3。广东省内中型水库65宗总库容为20.41亿m^3。其中飞来峡、乐昌峡、南水水库、锦江（仁化）水库是北江流域主要的防洪水库。通过水库群和蓄滞洪区联合调度，有效减轻了防护对象的防洪压力。

6.1 乐昌峡水利枢纽

乐昌峡水利枢纽位于广东省韶关市北江支流武江乐昌峡河段内，距下游乐昌市区约14km，距韶关市区81.4km。坝址以上集水面积为4988km^2，约占武江流域70%，坝址处多年平均流量为138m^3/s。

乐昌峡水利枢纽是大Ⅱ型水库，正常蓄水位为154.50m，汛期限制水位为144.50m，设计洪水位为162.20m，校核洪水位为163.00m，死水位为141.50m，其防洪库容为2.11亿m^3，总库容为3.44亿m^3。

6月16—19日，乐昌峡水利枢纽一直低水位运行，最低水位比死水位(141.5m)低1m。6月19日11：00，水位从140.69m开始起涨，至22日8：00共拦蓄洪水0.89亿m^3。2022年6月21日11：00，乐昌峡最大入库流量为2840m^3/s，同时相应出库流量为1120m^3/s，削减洪峰流量为1720m^3/s，最大削峰率为60.6%；21日17：00最大出库流量2390m^3/s，错峰6h。乐昌峡水利枢纽出入库流量过程线如图6.1-1所示。

通过乐昌峡的拦蓄，削减韶关站洪峰流量为1090m^3/s，降低韶关站洪峰水位0.80m。削减飞来峡站洪峰流量为400m^3/s，降低飞来峡站洪峰水位0.14m。

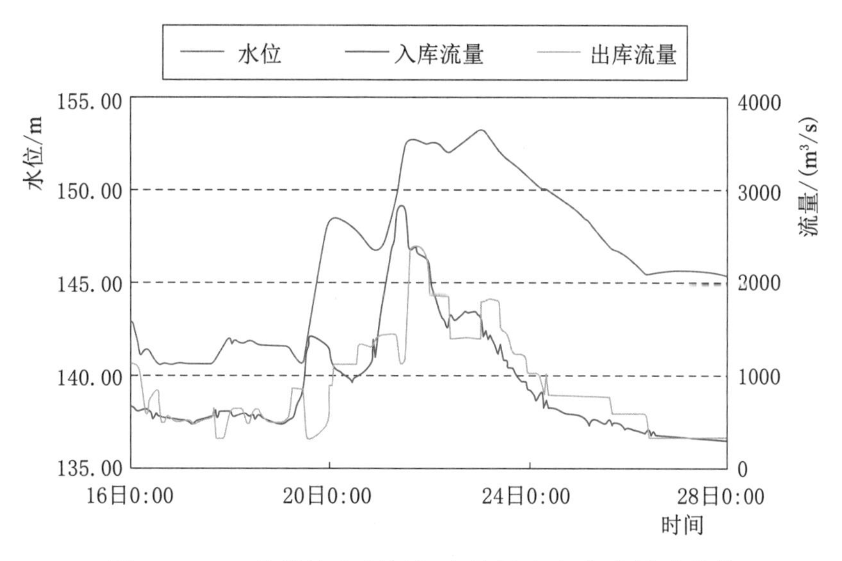

图 6.1-1 乐昌峡水利枢纽水位及出入库流量过程线

6.2 锦江（仁化）水库

锦江（仁化）水库位于北江水系一级支流锦江仁化县境内，流域面积为 $1410km^2$。水库为大Ⅱ型水库，总库容为 1.89 亿 m^3，兴利库容为 0.68 亿 m^3，调洪库容为 0.45 亿 m^3，为季调节水库。水库正常水位为 135.00m，相应库容为 1.45 亿 m^3。枢纽由拦河坝、坝顶溢洪道、坝后地面厂房、露天升压站及上坝公路等组成，工程以防洪、发电为主。

锦江（仁化）水库水位及出入库流量过程线如图 6.2-1 所示。

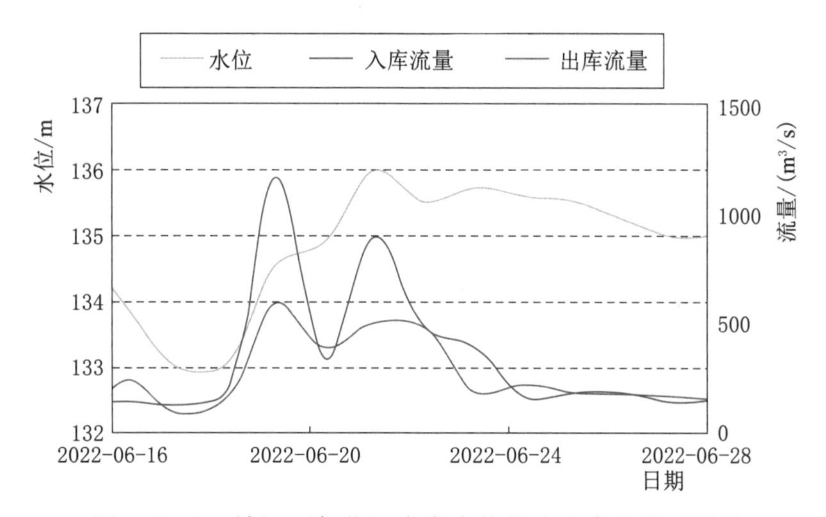

图 6.2-1 锦江（仁化）水库水位及出入库流量过程线

锦江（仁化）水库从18日2：00开始起涨，起涨水位为132.95m，至21日11：00水位涨到136.27m，共拦蓄洪水0.298亿m^3。通过锦江（仁化）水库和湾头的错峰，削减新韶站洪峰流量$120m^3/s$，降低韶关水位0.10m，对飞来峡站洪峰水位基本无影响。最大入库流量为$1272m^3/s$，出库流量为$701m^3/s$，削减洪峰流量为$571m^3/s$，最大削峰率为44.9%。

6.3　小坑水库

小坑水库位于北江水系一级支流枫湾河曲江区境内，流域面积为$139km^2$。水库为大Ⅱ型水库，总库容为1.1316亿m^3。水库正常水位为227.20m，相应库容为0.554亿m^3，是兼有防洪、发电、灌溉的综合利用工程。

小坑水库从19日6：00开始起涨，起涨水位为224.5m，至21日17：00水位涨到227.6m，共拦蓄洪水0.1056亿m^3，削减韶关站洪峰流量$70m^3/s$。对飞来峡站洪峰水位基本无影响。小坑水库水位及出入库流量过程线如图6.3-1所示。最大入库流量为$440m^3/s$，出库流量为$100m^3/s$，削减洪峰流量为$340m^3/s$，最大削峰率为77.3%。

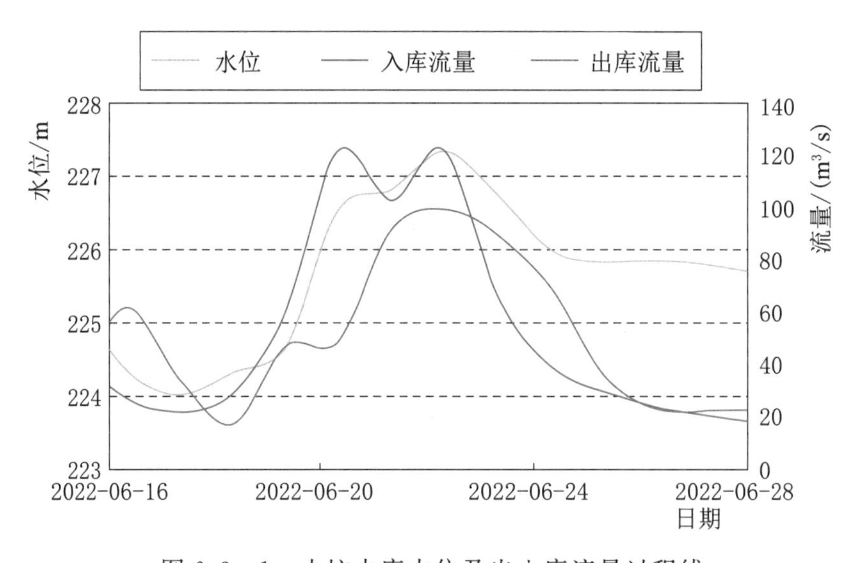

图6.3-1　小坑水库水位及出入库流量过程线

6.4　南水水库

南水水库位于乳源瑶族自治县东坪镇南水河上，流域面积为$1470km^2$。南水水库按一级建筑物设计，由黏土斜墙堆石坝、泄洪隧洞、发电引水隧洞、地下厂房及附属建筑物所组成，坝顶高程为225.9m，最大坝高为81.3m，总库容为12.81亿m^3，是以防洪、供水为主，结合发电、灌溉等综合利用的水利枢纽工程。

“22·6”北江洪水期间，南水水库出库流量较小，18日2：00至24日8：00，受上游来水的影响，水位从212.92m涨至218.54m，一直保持75.7～82.6m^3/s的发电流量，拦蓄2.02亿m^3。通过水面线分析成果，南水水库调节降低出库流量，减少对韶关站水位的顶托，降低韶关站水位0.30m。通过计算，削减飞来峡站洪峰400m^3/s，南水水库削减飞来峡站洪峰水位0.14m。南水水库水位及出入库流量过程线如图6.4-1所示。最大入库流量为1070m^3/s，出库流量为82m^3/s，削减洪峰流量为990m^3/s，最大削峰率为93%。

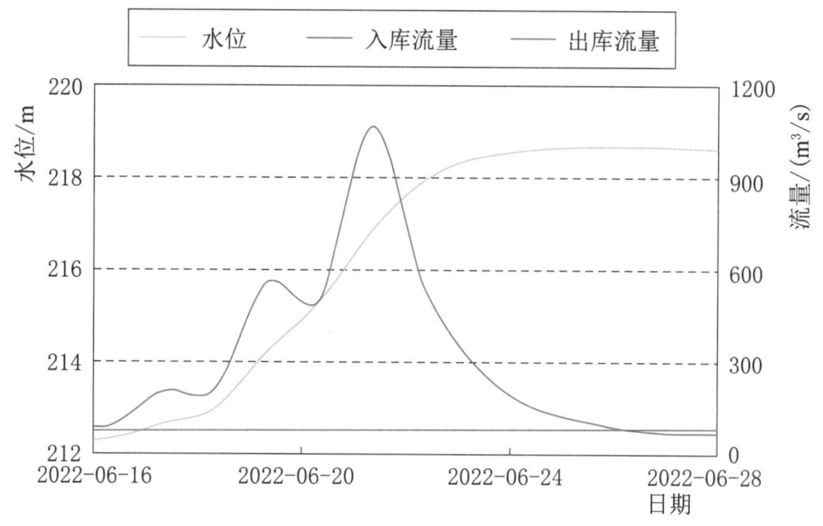

图6.4-1　南水水库水位及出入库流量过程线

6.5　飞来峡水利枢纽

飞来峡水利枢纽位于北江干流中游清远市清城区飞来峡镇，控制集水面积为34097km^2，占北江流域面积的73%，占北江大堤防洪控制站石角水文站集水面积的88.8%，是调蓄北江洪水关键的控制性骨干水利工程。

飞来峡水利枢纽是以防洪为主的大Ⅰ型水库，水库于1999年建成。大坝设计洪水500年一遇，校核洪水混凝土坝5000年一遇、土坝10000年一遇。枢纽运用正常水位24m（珠基），相应库容为4.23亿m^3，属不完全日调节水库。设计洪水位为31.17m，相应库容为14.45亿m^3，校核洪水位为33.17m，总库容为19.04亿m^3，其中防洪库容为13.36亿m^3。飞来峡水利枢纽是北江控制性防洪工程，与潖江蓄滞洪区、芦苞涌和西南涌分洪水道联合运用，可将北江300年一遇洪水削减到100年一遇，100年一遇洪水削减到50年一遇。

飞来峡水利枢纽从18日9：00水位17.84m开始起涨，至23日5：00水位涨至历史最高26.82m。最大拦蓄洪水5.72亿m^3，通过飞来峡水利枢纽拦蓄，削减飞来峡水文站洪峰流量1100m^3/s左右，降低石角断面洪峰水位0.37m。飞来峡水利枢纽水位及出入库流量过程线如图6.5-1所示。

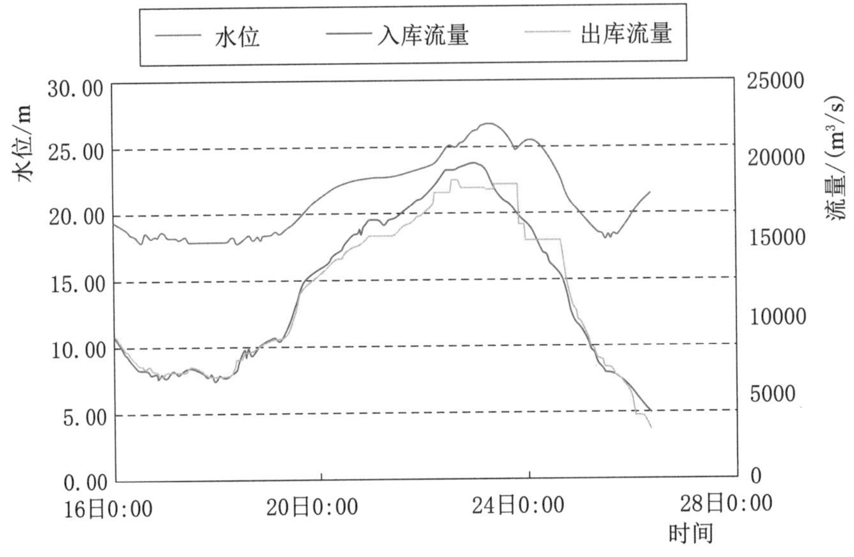

图6.5-1 飞来峡水利枢纽水位及出入库流量过程线

6.6 小结

“22·6”北江洪水期间，北江水库起到了有效的拦洪与削峰作用，南水水库削峰率达93%，乐昌峡水利枢纽降低韶关站洪峰水位0.80m，飞来峡水利枢纽有效降低石角站洪峰水位0.37m。北江流域部分水库拦洪与削峰效果统计见表6.6-1，大型水库对下游洪峰影响分析成果见表6.6-2。

表6.6-1 北江流域部分水库拦洪与削峰效果统计

水库名	入库洪水起讫时间/(月-日)	洪水量			入库最大流量		出库最大流量		削减洪峰流量/(m^3/s)	占入库最大比/%
		入库/亿m^3	最大拦蓄量/亿m^3	占入库比/%	流量/(m^3/s)	时间	流量/(m^3/s)	时间		
乐昌峡	06-19—06-22	5.06	0.89	18	2840	21日11：00	2390	21日17：00	450	15.8

续表

水库名	入库洪水起讫时间/(月-日)	洪水量			入库最大流量		出库最大流量		削减洪峰流量/(m^3/s)	占入库最大比/%
		入库/亿 m^3	最大拦蓄量/亿 m^3	占入库比/%	流量/(m^3/s)	时间	流量/(m^3/s)	时间		
锦江	06-18—06-21	1.49	0.298	20	1272	19日9：00	701	19日8：00	571	44.9
南水	06-18—06-24	2.46	2.02	82.1	1070	21日7：00	82.6	/	990	93
飞来峡	06-18—06-23	64	5.72	9	21400	23日2：00	20300	22日17：00	1100	5

注：飞来峡出库实测瞬时值为20600m^3/s，表中出库流量作了平滑处理。入库流量采用推算流量(21400m^3/s)。

表6.6-2　　大型水库对下游洪峰影响分析成果

水库名称	对降低韶关站水位的影响/m	对飞来峡-石角河段水位影响/m
乐昌峡	0.80	0.14
锦江	0.20	0.02
南水	0.30	0.14
小坑	0.10	0.01
飞来峡	/	0.37

第7章　蓄滞洪区及两涌运用

“22·6”北江洪水期间，流域内大中型水库拦洪削峰以及滃江蓄滞洪区滞洪，启用了芦苞、西南两涌分洪，最大限度减轻下游防洪压力。

7.1　滃江蓄滞洪区

7.1.1　蓄滞洪区运用情况

本次洪水期间，先后启用独树围、踵头围、大厂围、江咀围、下岳围等5个堤围蓄滞洪水。首先是清城区江口镇独树围，因还未实施加固建设，且堤围单薄低矮（按设计还需加高1.5～2.0m），6月21日22：00左右出现决口，约100m，决口处上下游水位落差约2.0m；受北江洪水急剧倒灌影响，滃江水位快速上涨，22日3：00左右，启用清城区源潭镇踵头围，决口长约30m，决口处上下游水位落差约1.5m。22日5：00左右，江口圩水位达21.59m，启用清城区源潭镇大厂围，决口长约200m，决口处上下游水位落差约5.7m；与此同时，与其相连的江咀围开始进水分洪；22日6：00左右启用佛冈县龙山镇下岳围，决口长约114m，决口处上下游水位落差约4.8m。

根据地形测量和遥感成果，综合分析计算蓄滞洪区围内最大蓄滞洪量为1.367亿m^3，河道槽蓄增量最大为0.976亿m^3，综合分析滃江蓄滞洪区最大蓄滞水量约2.34亿m^3。堤防分洪口位置示意图如图7.1-1所示。蓄滞洪区各分洪口情况如图7.1-2～图7.1-4所示。

为了确定滃江蓄滞洪区分洪过程，绘制了飞来峡站、滃江河口的江口圩站及滃江上游龙山站的水位过程线，如图7.1-5所示。滃江不分洪时，江口圩站水位低于龙山站，且落差维持在0.2m左右；22日5：00—12：00，随着滃江蓄滞洪区分洪，飞来峡站、龙山站和江口圩站水位均在逐渐降低，蓄滞洪区分洪作用明显；22日12：00后飞来峡水利枢纽加大出库流量，22日12：00—16：00江口圩站水位基本持平，此时蓄滞洪区仍在进行分洪，22日14：00龙山站水位低于江口圩站水位；22日16：30开始，飞来峡水利枢纽减小了出库流量，并一直维持不变，两站水位均开始缓慢回升，22日19：00江口圩站水

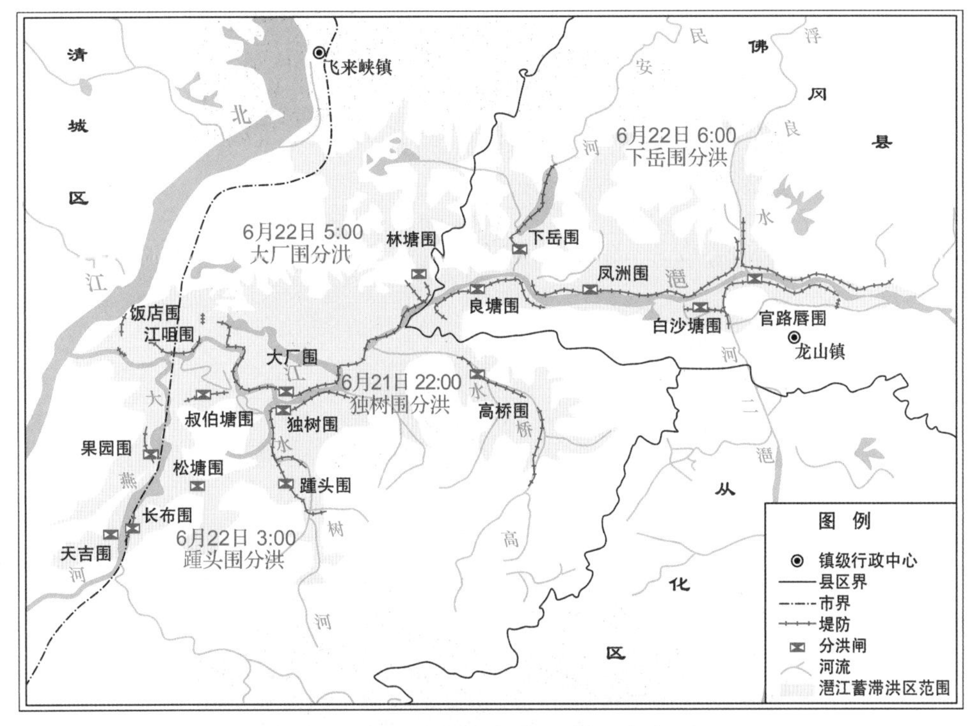

图 7.1-1 堤防分洪口位置示意图

图 7.1-2 独树围分洪口（来源于广东省水利水电勘测设计研究院）

位与龙山站水位相等，23 日 2：00 后，两站水位落差稳定为分洪之前的 0.2m，分洪基本结束。

7.1.2 蓄滞洪区分洪对干流洪水的影响

堤防漫顶或决口、分洪后使其附近河段水流形态发生变化，潖江蓄滞洪区

图 7.1-3　踵头围分洪口（来源于广东省水利水电勘测设计研究院）

图 7.1-4　大厂围分洪口（来源于广东省水利水电勘测设计研究院）

分洪后对其上游的飞来峡站、下游的清远、石角站洪水形态的影响如下。

1. 飞来峡站

飞来峡站位于潖江河口上游 7km 处，潖江蓄滞洪区分洪对其水位影响较大。6月21日22：00至22日16：45，飞来峡水利枢纽出库流量逐渐增大，飞来峡站实测流量从 $18200m^3/s$ 增至 $20600m^3/s$，在出库流量持续增加的情况下，21日22：00启用独树围，23：00—24：00，飞来峡站的水位涨幅减小，由每小时涨 0.04m 降至 0.03m；22日3：00启用踵头围，4：00—5：00，水位涨幅减小，由每小时涨 0.05m 降至 0.02m；5：00启用大厂围和江咀围，6：00，飞来峡站达到最高水位 22.88m，7：00，水位陡降至 22.69m、降幅 0.19m，11：00，水位降至最低 22.61m，总降幅 0.27m；12：00，受飞来峡

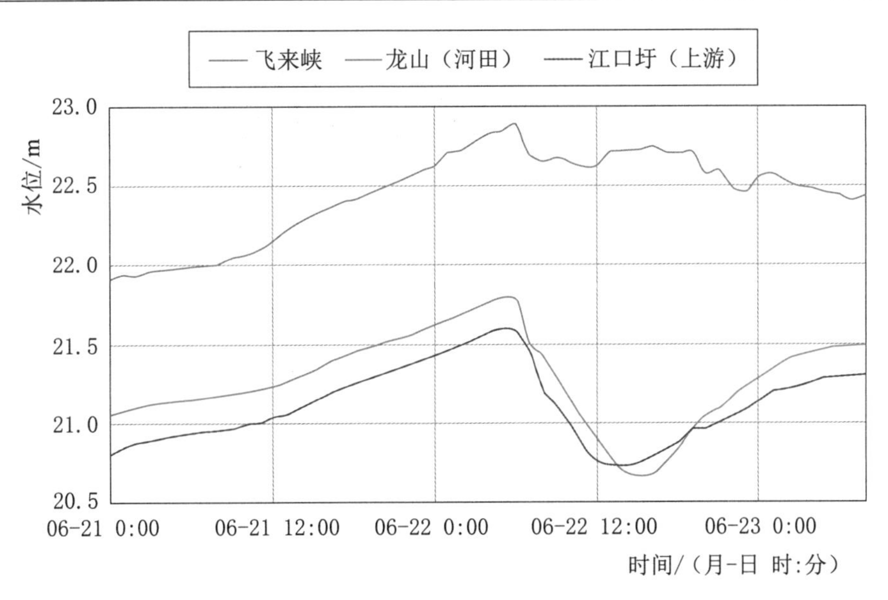

图 7.1-5 飞来峡、江口圩、龙山站水位过程线

增大出库流量影响，水位开始上涨，最高涨至 22.74m。“22·6”北江洪水滃江蓄滞洪区溃决对飞来峡站的影响如图 7.1-6 所示。

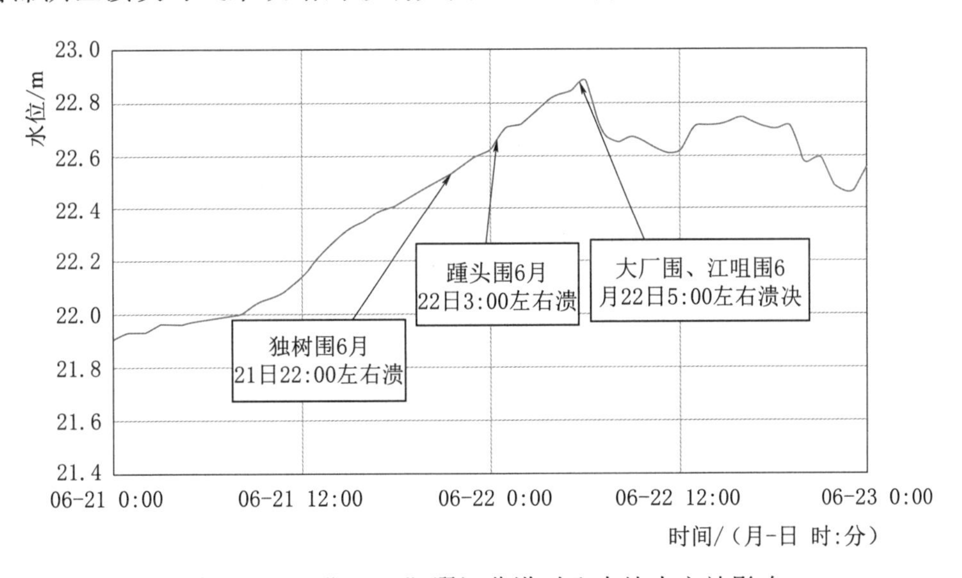

图 7.1-6 “22·6”滃江分洪对飞来峡水文站影响

2. 清远站

清远站位于滃江河口下游 24km 处，飞来峡水利枢纽调控和滃江蓄滞洪区分洪对其水流形态共同产生影响。由于该站距离滃江河口相对较远，独树围和踵头围启用没有对清远站水流形态造成明显的影响；22 日 5：00 启用大厂围，5：00—12：00，飞来峡站实测流量维持在 18900～20600m^3/s，8：00，清远

站出现了洪峰水位14.65m，之后水位缓慢降低，一直持续至23日15：00、水位降至14.51m，降低了0.14m；随后水位略微回升后开始退水，如图7.1-7所示。

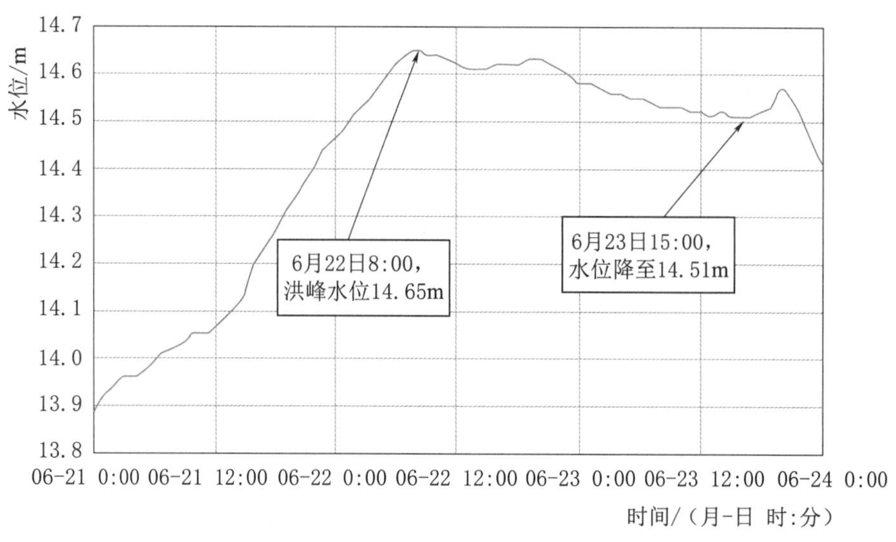

图7.1-7 潖江滞洪对清远水文站的影响

3. 石角站

石角站位于清远站下游19km处，飞来峡水利枢纽调控和潖江蓄滞洪区滞洪对其水流形态共同产生影响。22日5：00—12：00，飞来峡站实测流量维持在18900～20600m^3/s。5：00大厂围分洪，受飞来峡水利枢纽控泄及潖江蓄滞洪区滞洪的影响，石角站水位缓慢上涨；11：00出现洪峰水位12.22m，后水位持续缓慢回落至23日22：0012.11m；随后退水加快，如图7.1-8所示。

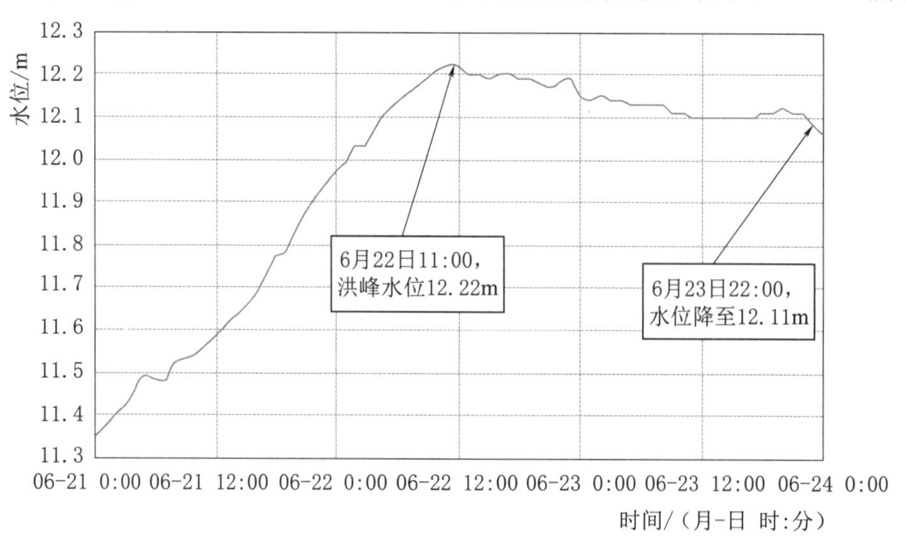

图7.1-8 “22·6”潖江分洪对石角水文站的影响

7.2 波罗坑临时淹没区

波罗坑防洪堤位于北江左岸、滃江河口下游，堤防总长约 11.68km，防洪标准按 20 年一遇设计，但未达标，堤防级别为 4 级，堤防类型为均质土堤。除湛江蓄滞洪区滞洪、两涌分洪外，6 月 21 日波罗坑临时淹没区也进行了滞洪。根据洪水调查，滞洪量为 0.80 亿 m^3。

7.3 两涌分洪过程

西南涌、芦苞涌是北江大堤防洪体系的重要组成部分，历史上曾多次分洪。本次北江特大洪水期间，开启西南、芦苞水闸进行分洪，减轻了北江大堤下游芦苞段防御洪水压力。

西南、芦苞水闸于 6 月 20 日 16：00 起开闸分洪，分洪流量为 290m^3/s，6 月 21 日 16：00，两涌分洪流量均为 500m^3/s，6 月 22 日 20：00，芦苞涌分洪流量增至 800m^3/s，西南涌分洪流量维持 500m^3/s。6 月 24 日 13：00，芦苞涌分洪流量降至 500m^3/s。6 月 25 日，两涌分洪流量均降至 300m^3/s 以下。6 月 20—25 日，两涌共分洪 4.11 亿 m^3。

第8章 洪水重现期

8.1 主要水文站洪水重现期

北江流域主要水文站洪水频率分析成果目前有三种：一是1986年珠江水利委员会编制、1993年国务院批准的《珠江流域综合规划报告》（以下简称《综规》），《综规》中分析资料年限截至1979年；二是水规总院〔1999〕29号文批复的《珠江流域主要水文站设计洪水、设计潮位及水位-流量关系复核报告》（以下简称《复核报告》）成果（包括部分归槽、全归槽成果），《复核报告》中分析资料年限截至1998年；三是2020年珠江水利委员会水文局和广东省水文局联合发布的《广东省主要水文站洪水频率成果研讨会会议纪要》（以下简称《纪要》）。

从《综规》颁布后，北江流域干流和重要支流先后发生“82·5”“94·6”“97·7”“06·7”“13·8”等大洪水，加上河道冲淤、水工程建设等人类活动的影响，水文情势已发生较大改变。因此，“22·6”北江洪水主要水文站洪水重现期主要采用《综规》和《复核报告》中相应成果，也同时列上《纪要》成果。“22·6”北江洪水北江流域主要水文站洪峰流量重现期统计见表8.1-1。

从表8.1-1可以看出，洪水自浈江新韶水文站传播到韶关水文站，洪水量级有所降低；韶关水文站到飞来峡水利枢纽（横石站）洪水量级沿程增大；而从飞来峡水文站到下游三水水文站洪水量级则明显降低。

（1）武江洪水规模不大，汇入后降低了北江韶关站的洪水量级。

1）“22·6”北江洪水期间武江洪水规模不大，加上乐昌峡水利枢纽的调节作用，武江犁市水文站洪峰流量为3510m³/s，重现期小于10年。

2）浈江新韶水文站洪峰流量为6350m³/s，重现期为100年，为历史实测最大洪水。但经武江汇入后，韶关水文站洪水量级较新韶水文站减小，洪峰流量为9320m³/s，重现期超20年。

（2）北江中游飞来峡水利枢纽（横石站）经还原计算洪水重现期超300年。

1）北江支流连江中下游洪水是干流中游洪水的重要来源。连江阳山站、青莲站水位出现超历史实测值，高道水文站最大洪峰流量为8530m³/s，重现期超100年。

表 8.1-1　“22·6”北江洪水北江流域主要水文站洪峰流量重现期统计

水系	河名	测站	集水面积/km^2	最大流量/(m^3/s)	出现时间	历史最大流量/(m^3/s)	出现时间	各级频率设计值/(m^3/s)					重现期	备注
								1%	2%	5%	10%	20%		
北江水系	浈江	新韶	7540	6350	6月21日 15:00	4350	2012年6月	6260	5700	4950	4340	3680	100年	《纪要》
	武江	犁市（二）	6976	3510	6月19日 11:00	6820	2006年7月	6820	6030	4980	4160	3310	大于5年	《纪要》
	滃江	长湖水库（坝下二）	4804	4770	6月14日 21:00	6280	1994年6月	6254	5652	4830	4179	3488	接近20年	历史数据频率计算
	连江	高道	9007	8530	6月22日 20:00	9160	2013年8月	7880	7260	6390	5700	4940	大于100年	《纪要》
	北江	飞来峡（横石）	34217	20600	6月22日 5:00	（横石）21000*	1915年7月	19200	17600	15500	13800	11900	大于100年	《纪要》
			34013					19200	17700	15500	13800	11900	大于100年	《综规》《复核报告》
		石角	38363	19500	6月22日 11:00	17800*a 20000*b	1915年7月	19000	17600	15500	13900	12300	大于100年	《纪要》
								19900	18300	16100	14300	12300	接近100年	《综规》《复核报告》
	绥江	大象（二）	879	1390	6月21日 15:00	1150	1997年7月	1479	1361	1196	1060	909	大于50年	历史数据频率计算

注　*为调查历史最大流量。

a 来源于《1998珠江、闽江暴雨洪水调查报告》。

b 来源于1997年出版《广东水旱风灾害》。

飞来峡（横石）站说明：1999年之前为横石站流量，1999年之后为飞来峡站流量。

2）由于浈江、连江及区间发生特大洪水，飞来峡水文站实测洪峰流量为 20600m^3/s，飞来峡坝址断面还原计算洪峰流量达 22300m^3/s，重现期超 300 年。

（3）受飞来峡水利枢纽拦蓄、蓄滞洪区滞洪、两涌分洪以及思贤滘过滘的影响，北江洪水量级在三水水文站明显降低。

1）“22·6”北江洪水中，飞来峡水利枢纽最大拦蓄洪量 5.72 亿 m^3，降低了飞来峡水文站洪峰流量，实测最大流量 20600m^3/s，重现期超 100 年（19200m^3/s）。

2）受潖江蓄滞洪区分洪的影响，其下游洪水规模继续减小，石角水文站实测最大流量为 19500m^3/s，重现期接近 100 年（19900m^3/s）。

3）北江和西江通过思贤滘连通，西江同期出现 5 年一遇的常遇洪水，北江洪水部分水量经思贤滘分流到西江。西南、芦苞水闸于 6 月 20 日 16：00 起开闸分洪，两涌分洪 4.11 亿 m^3，导致三水站洪水量级低于上游，洪峰流量为 15500m^3/s，重现期 50 年。

8.2　各站洪水频率复核

为分析“22·6”北江洪水量级，依据本场洪水组成、流域内水文站布设及其重要性等，重点选取北江干流上游段浈江出口控制站新韶站、北江一级支流滃江下游出口控制站长湖水库（坝下二）、北江一级支流连江下游出口控制站高道站、北江干流中游控制站飞来峡站和北江干流下游控制站石角站等进行频率分析。

8.2.1　洪水考证期

考证期确定对洪水频率至关重要，在洪水考证时，早期洪水大多采用定性描述，一般采用地方等县志、史志、年鉴，通过对比分析大致确定洪水考证期和量级大小；中华人民共和国成立以来较详细地对洪水进行了定量考证，广东水利部门主要依据《广东省水文资料统计手册》和《中华人民共和国广东省洪水调查资料》。

8.2.2　洪水频率复核

洪水频率复核，主要对洪峰流量进行频率分析，分析前重点考证该条河流洪水考证期及洪水大小，同时进行调查和实测洪峰流量的代表性、可靠性和一致性分析，再进行适线，合理后再确定洪水量级。

1. 新韶水文站

浈江控制站原为浈湾水文站，设立于1953年，浈湾水文站于1984年下迁约3km，改名长坝水文站，新韶水文站于2010年从长坝水文站下迁，根据对浈湾、长坝和曲江等地1616—2022年的历史洪水调查考证，调查考证期为407年，经考证浈江流域历史洪水的排位为：

长坝站：1849年＞≈1687年＞1908年＞1616年＞1915年≈1931年＞2022年

新韶站：1849年＞≈1687年＞1908年＞1616年≈2022年＞1915年≈1931年

（1）实测洪水的经验频率：长坝站、新韶站“22·6”北江洪水的经验频率计算是都作为特大值来进行处理的，但为了保持实测系列中原有的排位，在计算实测系列中除“22·6”北江洪水外其他洪水的经验频率时，采用的系列长度和进行洪水大小排序中也包含了“22·6”北江洪水。

（2）特大历史洪水的经验频率：根据上述历史洪水的调查分析，在1616年以来的407年中，新韶水文站“22·6”北江洪水明显超过除1849年、1687年、1908年外的其他历史洪水，可以在407年的调查期中排第四或更靠后。长坝水文站则在407年的调查期中排第七或更靠后。本次特大值处理方法，长坝站1849年、1908年、1915年、1931年作为特大值处理，新韶站1849年、1908年、1915年、1931年以及2022年实测洪峰流量作为特大值处理。

“22·6”北江洪水浈江长坝（浈湾）水文站洪水的洪峰流量是自1931以来的91年中浈江最大的，而1931年之前，有记录并能分析出长坝（浈湾）水文站洪水洪峰流量的年份有1849年、1908年、1915年。本次复核1849年、1908年、1915年、1931年流量分别为7690m^3/s、6330m^3/s、6230m^3/s、6070m^3/s。根据洪峰频率曲线图，如图8.2-1和图8.2-2所示，查得“22·6”北江洪水浈江洪水长坝河段洪水重现期超50年；新韶水文站“22·6”北江洪水洪峰流量6350m^3/s，河段洪水重现期略超100年。

2. 长湖水库（坝下二）站

长湖水库（坝下二）站建于1947年，1971年下迁500m至左岸，改名为长湖（二）水文站。因1972年11月长湖水库开始蓄水，故于1973年1月更改站名为长湖水库（坝下）站，1977年上迁38.5m，改名为长湖水库（坝下二）水文站。

本次频率计算采用1971—2021年共计51年实测流量资料，根据1991年出版的《广东省洪水调查资料第二册》滃江黄岗河段洪水调查整编情况（集水

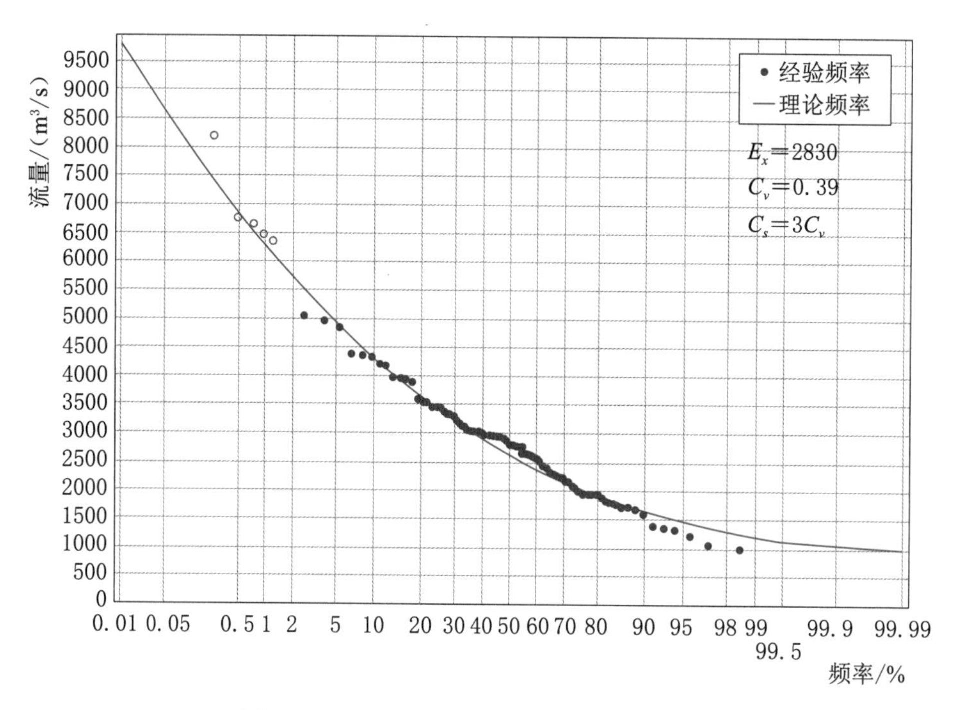

图 8.2-1　新韶水文站洪峰频率曲线图

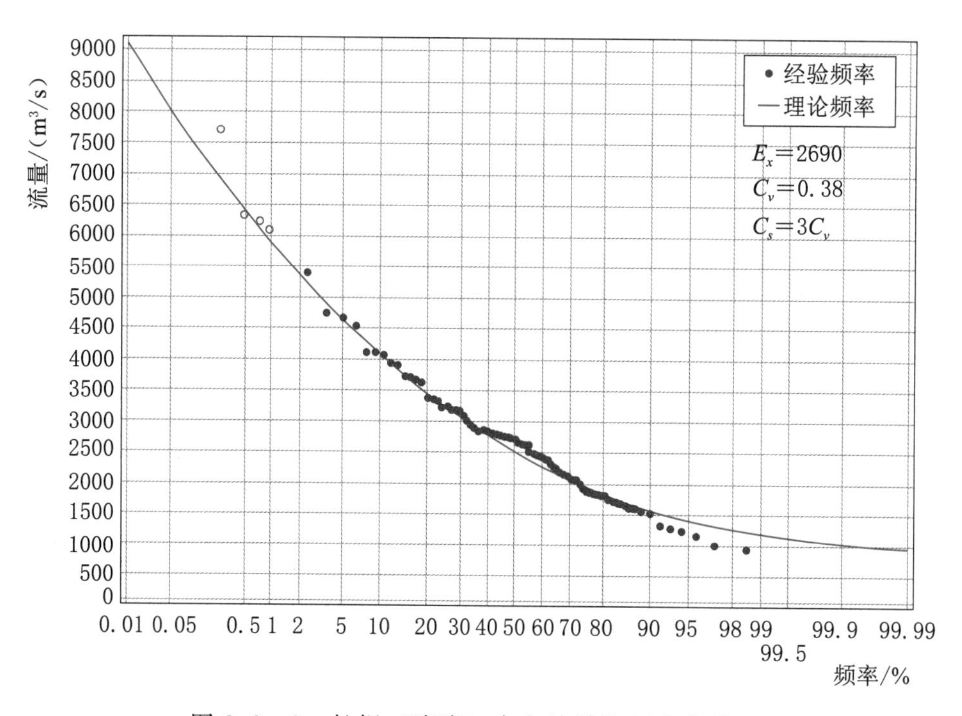

图 8.2-2　长坝（浈湾）水文站洪峰频率曲线图

面积为 4730km²)，将 1915 年（黄岗河段洪峰流量为 5420m³/s）和 1931 年（洪峰流量为 6830m³/s）调查整编成果作为历史特大洪水处理，纳入频率计算中，以提高频率计算的准确性。故重现期 N 为 107 年（1915—2021 年），实测年份中将 1994 年作为特大洪水处理。

利用 P-Ⅲ型频率计算软件进行频率分析计算，长湖水库（坝下二）站洪峰频率曲线如图 8.2-3 所示，计算成果可见表 8.2-1。长湖水库（坝下二）站洪峰流量为 4770m³/s，接近 20 年一遇（4830m³/s）。

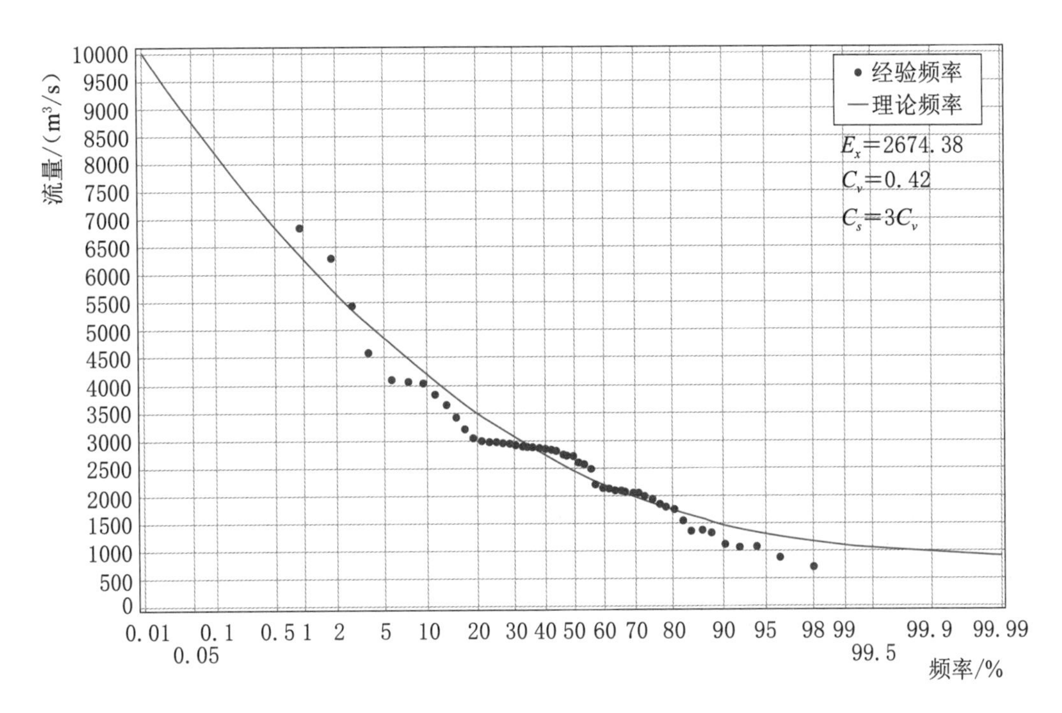

图 8.2-3 长湖水库（坝下二）站洪峰频率曲线图

表 8.2-1 长湖水库（坝下二）站洪峰流量频率计算成果

站 名	统计参数			各级频率流量/(m³/s)					
	均值	C_v	C_s/C_v	1%	2%	5%	10%	20%	50%
长湖水库（坝下二）	2674.38	0.42	3	6254	5652	4830	4179	3488	2445

长湖水库受天然来水变化、发电效益和水库调节能力的影响。根据长湖水库近 10 年反推入库流量推算表资料可知（表 8.2-2），当上游发生洪水时，长湖水库不完全错峰削峰，无法求得水库削峰率。此外，因无建库以来全部年份的反推入库洪峰流量资料，为保证资料一致性和准确性，故洪峰流量不还原至建库前。

表 8.2-2 近 10 年长湖水库（坝下二）站及反推入库洪峰流量对比

年 份	洪峰流量/(m^3/s)	反推入库洪峰流量/(m^3/s)
2012	2860	2670
2013	4010	3960
2014	2850	2710
2015	2790	2730
2016	2070	1890
2017	2020	1920
2018	2860	2760
2019	2810	2590
2020	4550	4670
2021	1100	1040

3. 高道水文站

高道水文站设立于 1954 年，根据对连江高道站的历史洪水调查考证，该站历史调查洪水考证至 1915 年，故在计算时高道站的考证期为 108 年。

在频率曲线适线时，采用 1954—2022 年共 69 年实测洪峰流量进行分析，洪峰流量系列历史特大值选择了 1915 年、1931 年、1982 年和 2013 年洪水。

所用资料来源于水文年鉴、1991 年《广东省洪水调查资料》第二册，资料来源可靠，翔实而没有遗漏，具有较高的精度。根据高道站资料相关性分析，统计特性符合测站特点，精度可靠。

采用单累积曲线分析高道站年最大洪峰流量系列的一致性，绘制出单累积曲线，具体如图 8.2-4 所示。可以看出高道站整个系列没有显著突变点，年最大洪峰流量累积值成单一直线，一致性较好。

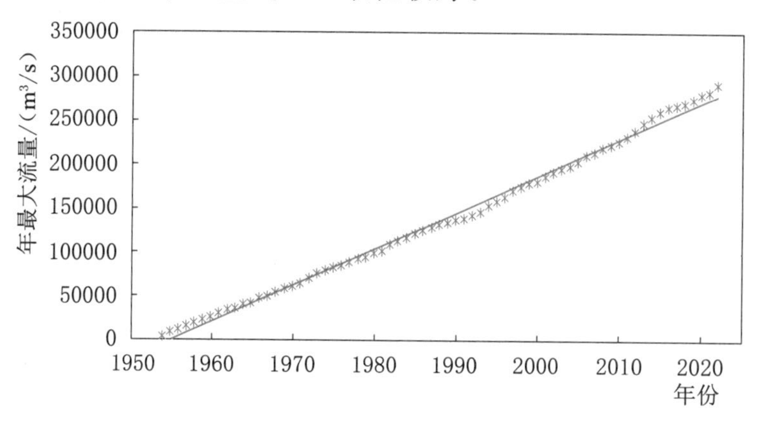

图 8.2-4 高道站年最大流量单累积曲线

主要从以下方面来考虑序列是否具有代表性：计算序列是否包含大、中、小洪水（或丰、平、枯水）。采用差积曲线法求统计参数法，差积过程线的连续下降、平缓和上升分别对应丰、平、枯年。从图 8.2-5 中可以看出，高道站含有丰、平、枯代表年份洪水，具有良好代表性。

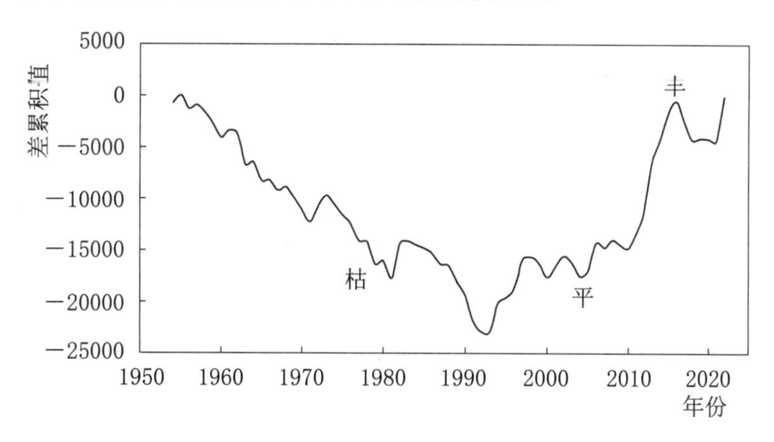

图 8.2-5 高道站年最大流量差累积曲线

高道站“22·6”北江洪水洪峰流量为 8530m³/s，频率分析结果如图 8.2-6 所示，初步适线计算重现期接近 100 年，与现采用成果（100 年一遇流量为 7880m³/s）有一定差异，主要因加入近些年样本尤其是“13.8”特大洪水。

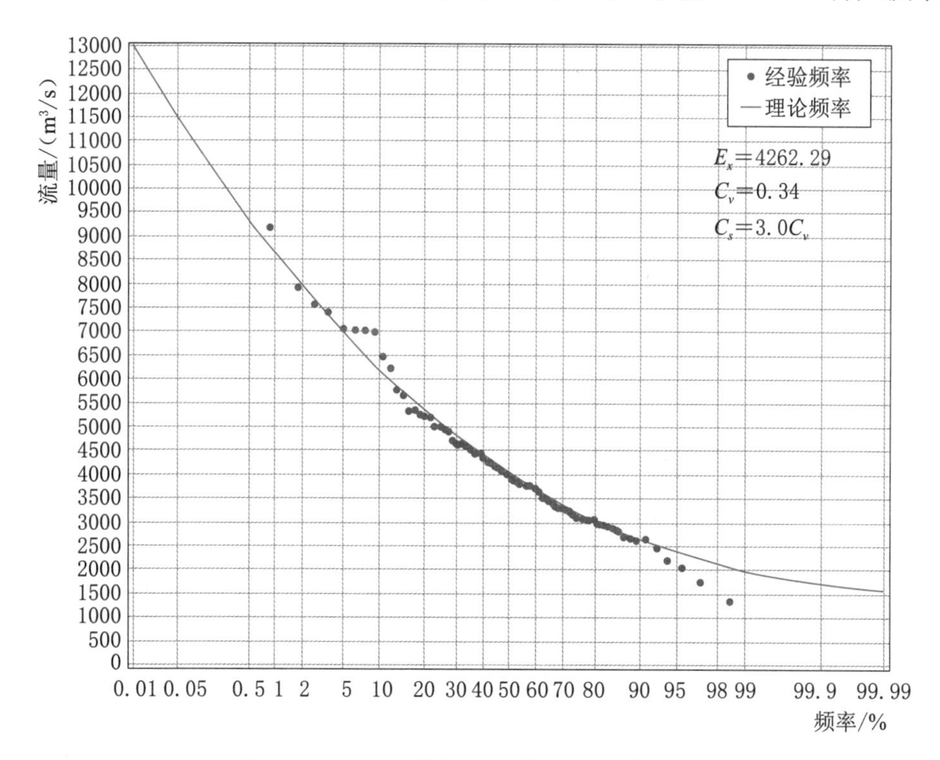

图 8.2-6 高道水文站洪峰频率曲线图

4. 飞来峡水文站

飞来峡水文站设立于1999年1月，集水面积为34217km²，是1953年设立的横石水文站（集水面积为34013km²）因飞来峡水利枢纽工程建设下迁9km而设，飞来峡站与横石站（位于现飞来峡水利枢纽库区）区间面积较小，区间无较大支流汇入，且飞来峡站建站时间较短，所积累实测流量资料序列不长，飞来峡洪峰流量计算频率将采用横石站资料合并使用，1953—2021年共计69年实测资料参与频率计算。为提高洪水频率计算结果准确性，将“1915・7”（横石站流量为21000m³/s）作为历史特大洪水单独处理，重现期N为107年（1915—2021年），且实测年份中无特大洪水。采用统一处理法，如图8.2-7所示。

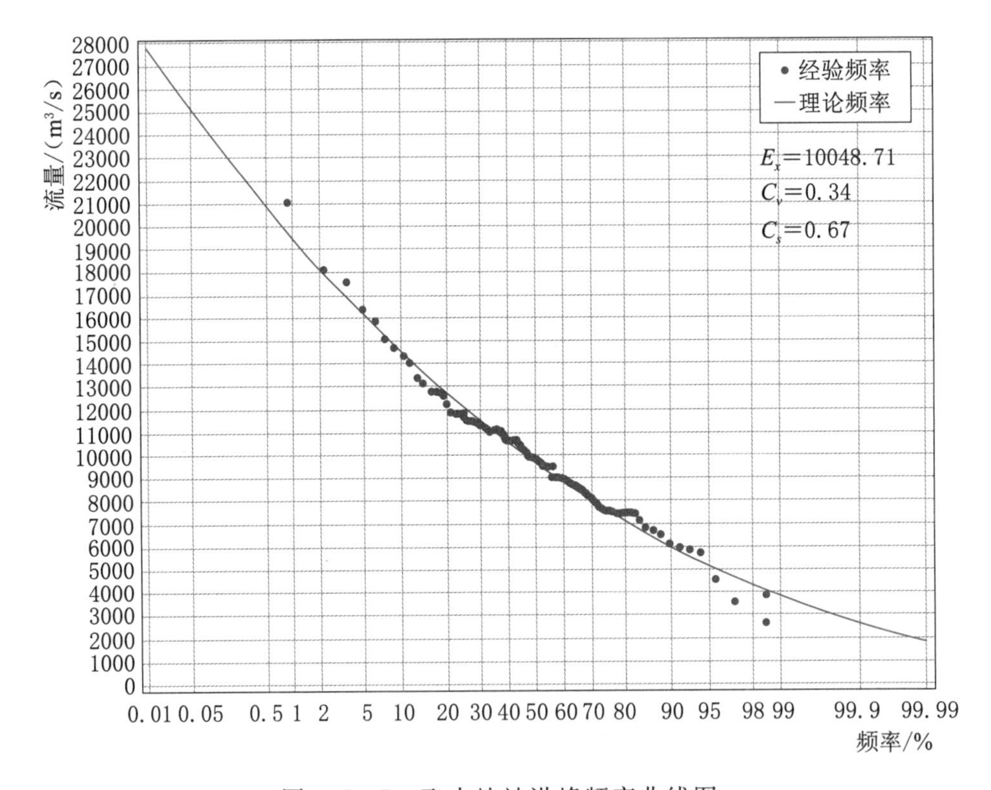

图8.2-7 飞来峡站洪峰频率曲线图

经频率计算得出，飞来峡站频率1%的对应流量为19600m³/s，2022年最大实测流量20600m³/s，反推其重现期约为160年。

飞来峡水利枢纽工程于1999年开始蓄水运行，总库容为19.0亿m³，蓄滞调峰能力强，建库后，洪峰流量大洪水级别以上的出库洪峰小于天然洪峰，“22・6”北江洪水飞来峡站实测历史最大流量为20600m³/s，超过现使用百年一遇洪水流量（19200m³/s），且该流量为飞行峡水利枢纽削峰后流量。

5. 石角水文站

石角水文站设立于1924年，为北江总控制站，集水面积为38363km²，位于清远水利枢纽（2012年年底建成）下游约4km，距离上游飞来峡站约46.8km，选用石角站1952—2021年共70年实测年最大流量参与频率计算，为提高洪水频率计算结果准确性，将“1915·7”（石角站流量为17800m³/s）作为历史特大洪水单独处理，重现期N为107年（1915—2021年），且实测年份中无特大洪水。

经频率分析计算得出，石角站频率为1%的对应流量为18800m³/s，2022年最大实测流量19500m³/s，反推其重现期约为160年，石角站洪峰频率曲线如图8.2-8所示。

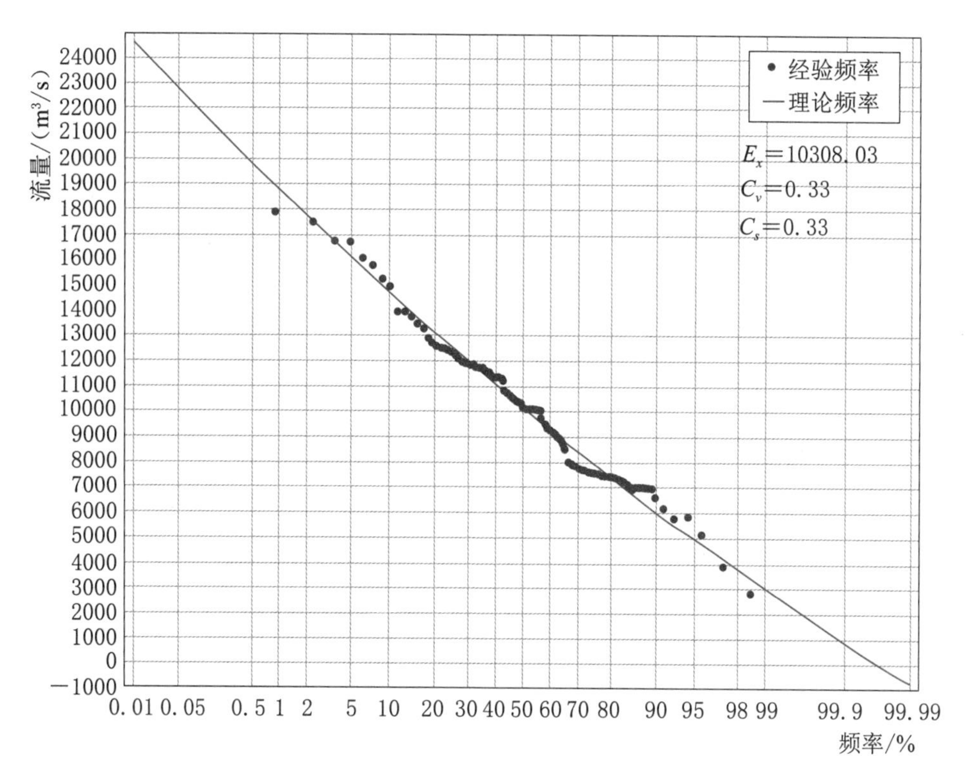

图8.2-8 石角站洪峰频率曲线图

“22·6”北江洪水石角站实测最大流量为19500m³/s，接近100年一遇洪水（19900m³/s）。

第9章 行洪能力分析

“22·6”北江洪水北江下游及珠江三角洲部分重要水文站出现流量大、水位低的现象，如石角水文站洪峰流量为19500m^3/s，洪峰水位对比“94·6”（洪峰流量为16700m^3/s）低2.46m，对比“06·7”（洪峰流量为17400m^3/s）低0.22m；三水站的洪峰流量（15000m^3/s）相应水位，对比“94·6”“98·6”“05·6”洪水期间相同流量的水位，分别低了2.05m、1.01m、0.56m；马口水文站的洪峰流量（44700m^3/s）相应水位，对比“94·6”“98·6”“05·6”洪水期间相同流量的水位，分别低了2.08m、1.77m、0.54m。

经过调查、分析，造成这种现象，分析主要原因是采沙量远远超过了上游河水来沙量，导致河床下切，进而导致河道断面过流能力增大，于是在上游来水量不变的情况下，各河道的水位普遍偏低。

9.1 河床变化分析

高要、石角、马口和三水水文站不同年份（1994—2022年）相同计算水位下的各年汛前断面平均河底高程见表9.1-1。

表9.1-1 主要站不同年相同计算水位下汛前断面平均河底高程

年份	高要站		马口站		三水站		石角站	
	（计算水位0.00m）		（计算水位－5.00m）		（计算水位1.50m）		（计算水位6.00m）	
	日期/(月-日)	高程/m	日期/(月-日)	高程/m	日期/(月-日)	高程/m	日期/(月-日)	高程/m
1994	03-18	－9.16	04-15	－14.18	04-01	－3.75	04-08	4.14
1995	04-24	－10.13	03-26	－14.38	07-18	－4.11	05-01	4.16
1996	04-26	－9.27	05-16	－14.38	02-01	－4.6	04-03	4.11
1997	04-22	－9.44	03-08	－15.81	11-13	－5.33	05-01	4.1
1998	03-19	－10.11	03-26	－16.91	03-02	－5.16	03-18	3.97
1999	03-01	－9.88	04-22	－14.36	02-24	－6.09	04-01	4.2
2000	03-28	－9.81	02-23	－15.31	02-22	－6.11	03-18	4.11
2001	03-21	－9.99	03-29	－14.84	02-23	－6.26	03-03	3.98

续表

年份	高要站		马口站		三水站		石角站	
	(计算水位 0.00m)		(计算水位－5.00m)		(计算水位 1.50m)		(计算水位 6.00m)	
	日期/(月-日)	高程/m	日期/(月-日)	高程/m	日期/(月-日)	高程/m	日期/(月-日)	高程/m
2002	03-17	－10.07	04 02	13.87	03-22	－6.53	03-31	3.98
2003	03-01	－10.3	04-26	－14.33	03-26	－6.85	04-22	3.86
2004	04-07	－10.45	02-08	－17.38	02-07	－7.9	04-02	3.46
2005	01-17	－10.82	01-22	－16.52	01-19	－7.62	04-02	3.59
2006	03-14	－10.38	04-03	－19.97	02-09	－8.22	03-24	3.02
2007	02-27	－10.51	05-01	－17.84	04-26	－7.35	03-03	2.58
2008	02-02	－10.85	03-19	－18.09	03-24	07-77	02-02	2.49
2009	02-27	－11.35	02-26	－18.57	02-27	－9.33	04-26	2.39
2010	02-26	－11.69	03-19	－17.58	03-07	－7.69	01-24	2.36
2011	02-16	－12.15	03-03	－18.53	02-27	－8.24	05-08	1.69
2012	04-13	－12.29	03-22	－17.49	03-26	－7.93	03-29	－0.24
2013	03-29	－11.59	04-16	－17.66	04-15	－8.64	02-27	－0.24
2014	04-09	－13.77	03-18	－17.73	03-19	－7.68	01-04	－1.21
2015	04-16	－13.23	01-29	－18.06	03-03	－8.35	03-28	－1.05
2016	03-17	－13.03	02-21	－18.1	01-15	－7.11	03-19	－1.08
2017	03-02	－12.98	03-26	－18.55	03-02	－7.35	02-17	－1.04
2018	03-21	－12.06	03-19	－18.68	03-26	－9.36	03-22	－1.22
2019	03-02	－12.41	03-26	－18.86	03-12	－9.05	03-13	－1.08
2020	01-02	－12.49	02-25	－18.62	03-01	－9.24	03-03	－1.21
2021	03-01	－12.24	03-26	－18.55	03-25	－8.84	01-02	－0.85
2022	02-16	－12.57	04-13	－18.34	04-08	－9.16	03-01	－1.15

注：马口水文站 1994—1998 年断面在基下 875m 处，1999—2005 年在基下 1082m 处。

从表 9.1-1 可知，4 个水文站所在的河道断面的平均河底高程呈现出下降趋势。2022 年、2005 年、1998 年与 1994 年相比，平均河底高程降低，尤其比较明显的三水水文站分别降低 5.41m、3.87m、1.41m。

9.2 大断面变化分析

1. 石角水文站

石角水文站历年（1994 年、1998 年、2005 年、2013 年、2020 年、2022 年）

大断面对比如图 9.2－1 所示，其大断面分析比较见表 9.2－1。与 1994 年大断面相比，1998 年、2005 年、2013 年、2020 年、2022 年大断面都有所加深，以 6.00m 水位计算比较，1998 年断面面积增加了 8.0％，2005 年断面面积增加了 29.0％，2013 年断面面积增加了 230.2％，2020 年断面面积增加了 281.1％，2022 年断面面积增加了 276.7％，断面变化主要表现在 5.00m 高程以下部分，2022 年断面在起点距 300～1000m 处变化最大。

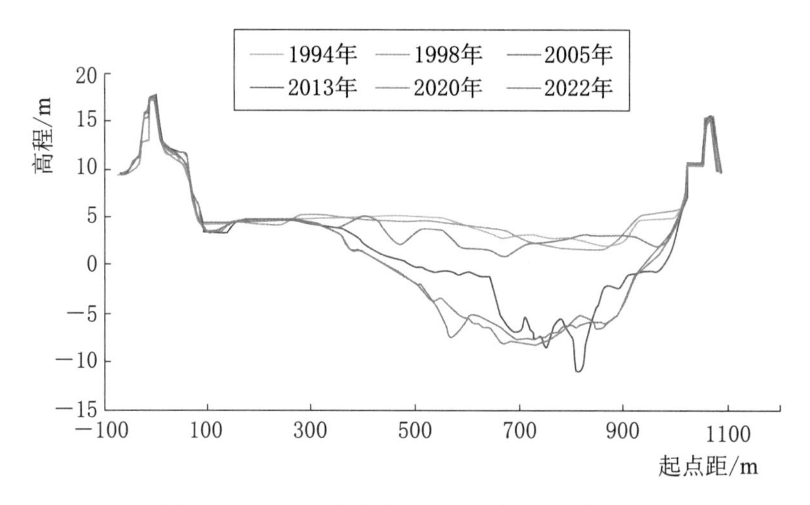

图 9.2－1 石角水文站历年大断面对比图

表 9.2－1　　石角水文站大断面比较分析

年份	断面面积 /m^2	面积差 /m^2	相对 1994 年大断面		最低高程 /m
			增加面积/m^2	增加比例/%	
1994	1760	0	0	0	1.97
1998	1900	140	140	8.0	1.50
2005	2270	370	510	29.0	2.17
2013	5811	3541	4051	230.2	−11.02
2020	6707	896	4947	281.1	−8.24
2022	6630	4360	4870	276.7	−7.78

2. 高要水文站

高要水文站历年（1994 年、1998 年、2005 年、2022 年）大断面对比如图 9.2－2 所示，其大断面分析比较见表 9.2－2。与 1994 年大断面相比，1998 年、2005 年、2022 年大断面都有所刷深；以 0.00m 水位计算比较，1998 年断面面积增加了 9.6％，2005 年断面面积增加了 18.0％，2022 年断面面积增加了 33.2％，断面变化主要表现在－5.00m 高程以下部分。2022 年断面在起点距

100～800m处变化最大。

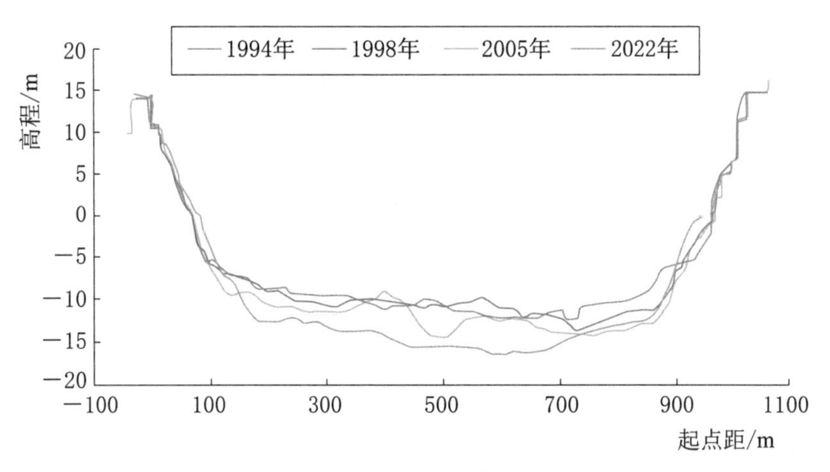

图9.2-2 高要水文站历年大断面对比图

表9.2-2 高要水文站历年大断面分析比较

年份	断面面积/m^2	面积差/m^2	相对1994年大断面		最低高程/m
			增加面积/m^2	增加比例/%	
1994	8260	0	0	0	−12.53
1998	9050	790	790	9.6	−15.75
2005	9750	700	1490	18.0	−14.25
2022	11000	1250	2710	33.2	−16.56

3. 三水水文站

三水水文站历年（1994年、1998年、2005年、2022年）大断面对比如图9.2-3所示，其大断面分析比较见表9.2-3。与1994年大断面相比，1998年、2005年、2022年大断面都有明显加深，以1.50m水位计算比较，1998年断面

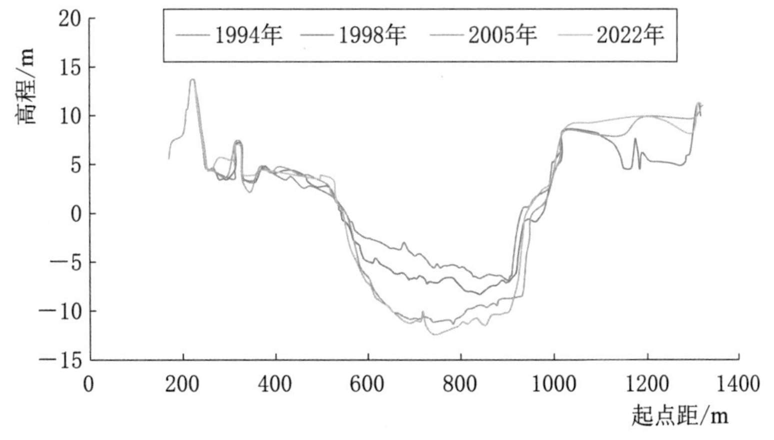

图9.2-3 三水水文站历年断面变化图

面积增加了34.5%，2005年断面面积增加了84.5%，2022年断面面积增加了91.6%，断面变化主要表现在−2.00m高程以下部分，变化主要集中在起点距550～950m范围内。

表9.2-3　　三水水文站大断面分析比较

年份	断面面积/m²	面积差/m²	相对1994年断面		最低高程/m
			增加面积/m²	增加比例/%	
1994	2260	0	0	0	−6.88
1998	3040	780	780	34.5	−8.30
2005	4170	1130	1910	84.5	−12.05
2022	4330	160	2070	91.6	−12.41

4. 马口水文站

因工程建设，马口水文站自1995年6月起新设测流断面基本水尺下游1082m（简称基下1082断面）；1996—2003年期间，两个断面并存；自2004年起弃用基本水尺下游875m测流断面。

马口水文站历年大断面对比，基本水尺下游875m测流断面（简称基下875断面）选取1994年、1998年、2003年大断面资料进行对比分析；基本水尺下游1082m测流断面选取1998年、2005年、2019年和2022年大断面资料进行对比分析。1994—2022年断面平均河底高程看，仍能看出河床呈下切趋势。马口水文站历年大断面对比如图9.2-4和图9.2-5所示，大断面分析比较见表9.2-4和表9.2-5。

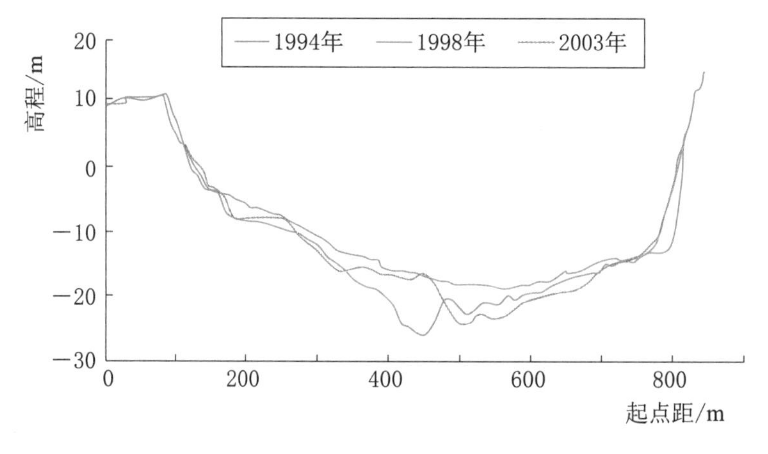

图9.2-4　马口水文站基本水尺下游875m大断面对比图
（1994年、1998年、2003年）

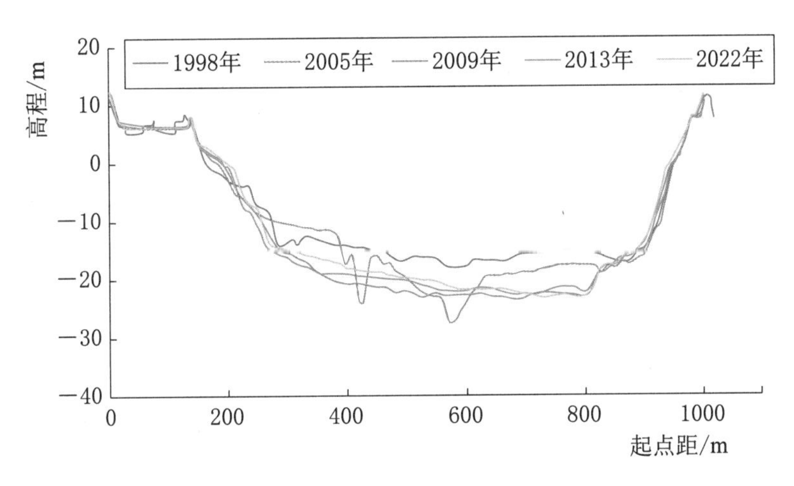

图 9.2-5 马口水文站基本水尺下游 1082m 大断面对比图
（1998 年、2005 年、2009 年、2013 年、2022 年）

基下 875 断面：1998 年因断面附近河段人为挖沙，造成河床下切，断面变化较大；与 1994 年大断面相比，1998 年、2003 年大断面都有所刷深；以 −5.00m 水位计算大断面面积比较，1998 年增加了 37.8%、2003 年增加了 29.59%。

基下 1082 断面：与 1998 年大断面面积相比，2005 年增加了 4.8%、2009 年增加了 25.9%、2013 年增加了 20.9%、2022 年增加了 15.8%。断面变化主要表现在 −10.00m 高程以下部分，变化主要集中在起点距 300～850m 范围内。

表 9.2-4　　马口水文站基下 875m 大断面分析比较

年份	断面面积/m²	面积差/m²	相对 1994 年断面		最低高程/m
			增加面积/m²	增加比例/%	
1994	5880	0	0	0	−18.94
1998	8100	2220	2220	37.8	−26.19
2003	7620	−480	1740	29.59	−24.74

表 9.2-5　　马口水文站基下 1082m 大断面分析比较

年份	断面面积/m²	面积差/m²	相对 1998 年断面		最低高程/m
			增加面积/m²	增加比例/%	
1998	8100	0	0	0	−17.86
2005	8490	1710	390	4.8	−27.32

续表

年份	断面面积/m^2	面积差/m^2	相对1998年断面		最低高程/m
			增加面积/m^2	增加比例/%	
2009	10200	1710	2100	25.9	−23.44
2013	9790	−410	1690	20.9	−22.65
2022	9380	−410	1280	15.8	−23.16

9.3 行洪能力分析

9.3.1 北江干流行洪能力

1. 河势变化

石角站为北江下游控制站和国家重要水文站，该站位于清远市石角镇，是北江下游和珠江三角洲防洪标志站。该站测验河段顺直，测验断面河宽1060m，属于沙质河床，易冲淤，测验河段受人类活动和河流自然变迁等多重影响，该断面2000年以后有冲淤下切，2006年后中泓至右岸总体逐年下切，2010—2013年期间最为显著，断面起点距520～880m范围内河床下切严重，平均下切近7m，2013年后断面趋于稳定，断面从2000年由单一U形逐渐变为目前的复式，河流主流归槽至右岸，常年大多时间水位低于5m时（冻结基面，下同），过水断面收窄至300～600m。

2. 断面水位流量关系

石角站受上游洪水涨落、飞来峡等大型水利工程调度、西江洪水顶托以及天文大潮等因素影响，洪水水流复杂，洪水水位-流量关系为顺、逆时绳套，石角站代表年洪水水位-流量关系曲线及近年综合水位-流量关系线如图9.3-1所示，洪水水位流量关系自2006—2021年总体逐年往右偏移，近几年相对趋于稳定，变化不大，并向2013年靠近。

3. 断面过流能力

从图9.3-1可以看出，石角站断面从2006年至2022年，洪水流量在5000～15000m^3/s时，水位普遍下降1.0～3.6m，且流量增大时水位普遍下降但趋势减缓，断面过流能力总体增强，以石角站水位11.00m（警戒水位）为例，该断面洪水过流能力2022年比2006年增大3000m^3/s；当水位低于11.00m，过流能力进一步增大，水位为8.00m，2022年比2006年增大至5000m^3/s；当水位高于11.00m，相同水位过流能力增大，但增至约3000m^3/s，增量逐渐减少。

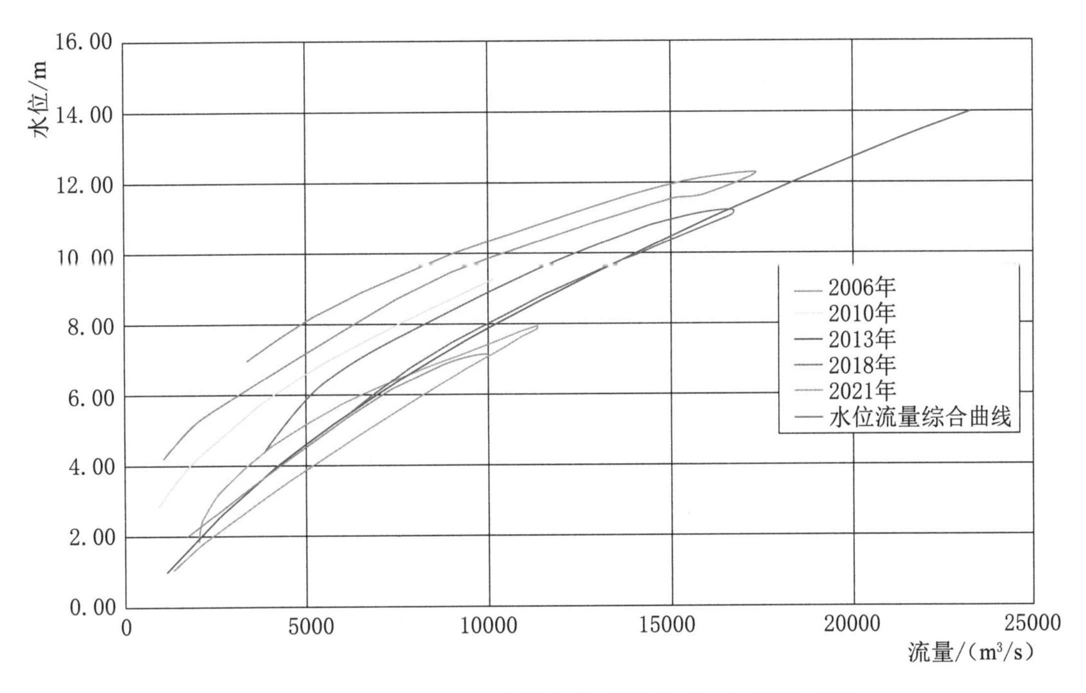

图 9.3-1　石角水文站代表年洪水水位-流量关系线

9.3.2　西江干流行洪能力

1. 河势变化

高要水文站位于肇庆市端州区，为西江干流下游控制站，是国家重要水文站。该站测验河段顺直，测验断面河宽约 900m，属沙质河床，容易受到洪水冲刷及人类活动影响。2002 年后河床逐年下切，其中下切最显著时段为 2013 年 3 月至 2014 年 4 月，主河槽位置（起点距 450～700m）最大下切 10m 左右。2014 年下半年至 2017 年 3 月主河槽位置自然淤高填充 6m 左右，至 2022 年汛初，已回填至 2013 年之前水平，近 3 年大断面相对稳定。

2. 断面水位流量关系

高要站受上游洪水涨落、北江洪水顶托以及天文大潮等因素影响，洪水水流复杂，中高洪水时水位流量关系为顺、逆时绳套。高要站历年水位流量关系综合曲线如图 9.3-2 所示。从图 9.3-2 中可以看出，自 2014 年大断面受到剧烈冲刷影响后，其水位流量关系曲线整体向右偏移。近几年，由于大断面逐年回填，水位流量关系曲线与 2012 年之前基本吻合。

3. 断面过流能力

高要站过流能力主要受潮汐、北江洪水顶托及断面冲淤变化程度影响。根据高要站断面冲於年际变化分析，西江干流河道冲刷和淤积交替出现，以冲刷

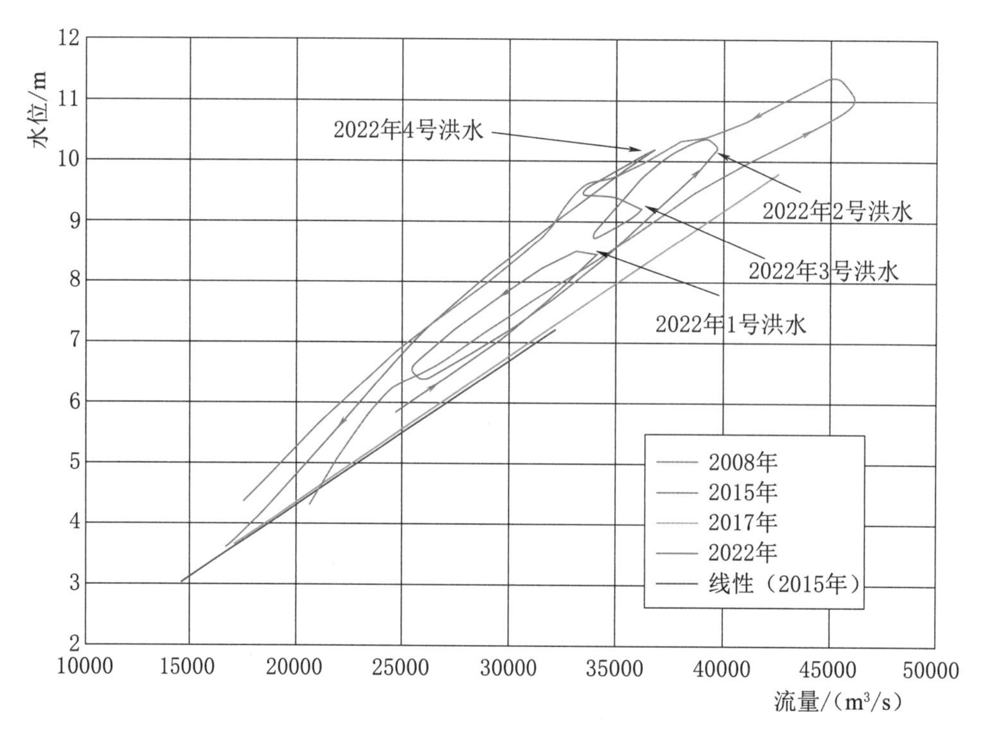

图 9.3－2　高要站水位-流量关系曲线

为主，行洪能力有所增大。以 2002 年广东省水利厅颁布的 5 年一遇流量 $37900m^3/s$ 为例，当时对应的水位是 10.42m，2008 年对应的水位是 9.69m，2017 年对应的水位是 8.92m，断面洪水过流能力呈增大趋势。

2017—2021 年，大断面继续呈淤积趋势，目前已经和 2008 年相差不大，水位流量关系变化也基本和 2008 年变化一致。2022 年 6 月相同的流量（$37900m^3/s$）对应的水位是 10.04m，说明洪水过流能力有所削弱。

9.3.3　思贤滘过滘流量分析

思贤滘位于佛山市三水区，地处西、北江三角洲的顶部，西江和北江水流在此相汇后，经重新组合与分配，进入西北江三角洲河网区。思贤滘全长约为 1.5km，西滘口宽为 100m，北滘口宽为 200m，中间宽约为 500m，西江干流水道控制站马口水文站距西滘口约 4.5km，北江干流水道控制站三水水文站距北滘口约 1.5km。思贤滘恰似天然运河，对调节西、北两江来水，沟通航运起着重要作用。每年汛期，当西江发洪时，西江的水流过北江；当北江发洪时，北江的水流过西江，水流随两江水位的高低变化分为正流（北过西为正）和负流，当两江同时发洪，西、北江流量比在 4∶1 左右，思贤滘流量近似平衡。

北江 2022 年 1 号洪水正流最大过滘流量为 $4880m^3/s$，出现在 6 月 15 日

23：00，断面平均流速 1.12m/s，三水马口同时水位差 0.26m；北江 2022 年 2 号洪水正流最大过滘流量为 5520m^3/s，出现在 6 月 22 日 12：00，断面平均流速为 1.27m/s，三水马口同时水位差 0.57m。

由于思贤滘的分流作用，使得在北江遭受 100 年一遇洪水、西江 5 年一遇的情况下，三水站出现了 50 年一遇、马口站出现了超 20 年一遇的洪水，佛山市内各潮位站出现了 5～10 年一遇的水位，极大的减轻了三角洲地区的防洪压力。

各主要站（高要、石角、马口、三水、岗根）流量过程如图 9.3－3 所示；2022 年 6 月 12—30 日的马口、三水、岗根日平均水位流量过程见表 9.3－1。

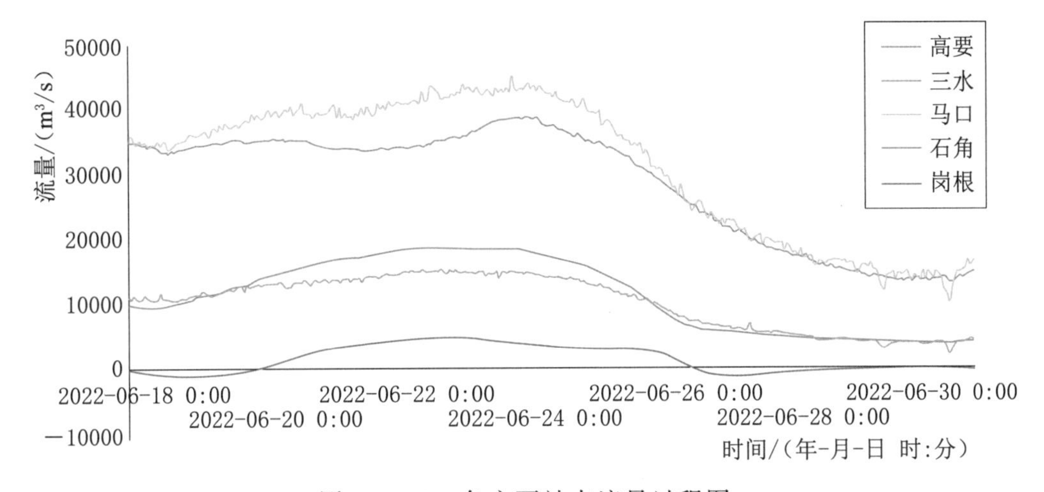

图 9.3－3 各主要站点流量过程图

表 9.3－1 2022 年 6 月马口、三水、岗根水文站日平均水位流量

站别 日期/日	马口		三水		岗根	
	水位/m	流量/(m^3/s)	水位/m	流量/(m^3/s)	水位/m	流量/(m^3/s)
12	4.44	26200	4.50	7440	4.62	−1680
13	5.38	31200	5.47	9400	5.63	−1690
14	6.46	36800	6.64	12200	6.79	−301
15	7.45	41900	7.70	14700	7.86	3550
16	7.37	40500	7.62	14000	7.77	2310
17	6.64	36300	6.83	11700	6.99	−487
18	6.25	34500	6.40	10700	6.56	−1350
19	6.58	37000	6.76	12000	6.93	−130

续表

站别 / 日期/日	马口		三水		岗根	
	水位 /m	流量 /(m^3/s)	水位 /m	流量 /(m^3/s)	水位 /m	流量 /(m^3/s)
20	6.96	39100	7.30	13300	7.39	2690
21	7.14	39300	7.61	14000	7.64	3900
22	7.45	41200	7.99	15000	8.00	4580
23	7.61	42500	8.06	14900	8.13	3520
24	7.47	41800	7.84	14100	7.94	2710
25	6.62	36100	6.89	11700	6.99	2380
26	4.91	26500	4.98	7910	5.09	－1380
27	3.35	20500	3.41	5680	3.47	－947
28	2.44	16800	2.49	4520	2.51	－498
29	1.95	14500	1.97	3730	1.98	－194
30	1.87	13800	1.88	3580	1.89	－558

注：岗根水文站流量北江过西江为正，西江过北江则为负。

第10章　结论与建议

10.1　结论

（1）通过分析“22·6”北江洪水降水的天气系统成因、时空分布特点及与历史洪水暴雨的比较，“22·6”北江洪水的暴雨具有前期影响雨量大、持续时间长、暴雨强度大、范围集中、追峰效应明显等特点。

（2）“22·6”北江洪水具有起涨水位高、干支流互相叠加、洪水量级大，持续时间长等特点。

（3）“22·6”北江洪水飞来峡坝址断面还原洪峰流量为22300m^3/s，超300年一遇。

（4）通过水利工程调度、蓄滞洪区、两涌分洪等多种手段综合运用，将北江下游超300年一遇的洪水削减到100年一遇以下。

10.2　建议

（1）完善水文站网监测体系，提升现代化水文监测能力。飞来峡水库等部分在建或已建水库缺乏入库流量监测控制站点，难以全面监测库区来水情况，还不能完全满足新形势下流域水工程联合调度需求。部分水文测站应对超标洪水监测能力不足、技术装备保障度不高，无人机、多波速一体地面水下测量系统等技术手段应用不够。建议进一步完善北江流域水文站网监测体系。

（2）优化北江骨干水库防洪调度。随着北江流域上游乐昌峡、湾头等水库的建设完成，建议进一步加强飞来峡水库、乐昌峡水库、湾头水库等库区的淹没调查分析工作，开展基于水雨情预报的工程调度，优化骨干水库防洪调度，充分发挥水库防洪效益。

（3）建立健全蓄滞洪区启用机制。“22·6”特大洪水期间，北江流域启用了潖江蓄滞洪区与飞来峡库区的波罗坑临时淹没区。由于潖江蓄滞洪区正在建设中，尚不能完全运用，建议加强调查研究，建立健全蓄滞洪区启用机制。

参 考 文 献

[1] 张昌昭，广东水旱风灾害［Z］. 广州：广东省防汛防旱防风总指挥部，2006.

[2] 梁荣灿. 清远市洪情概貌［Z］. 清远：清远市水利局，2004.

[3] 广东省飞来峡水利工程建设总指挥部. 飞来峡水利枢纽建设文集［C］. 北京：中国水利水电出版社，2000.

[4] 广东省水利电力厅. 广东省洪水调查资料［Z］. 广州：广东省水利电力厅，1991.

[5] 广东省水利水电科学研究院. 广东省第三次水资源调查评价报告［Z］. 广州：广东省水利水电科学研究院，2019.